ISW 49

Berichte aus dem Institut für Steuerungstechnik
der Werkzeugmaschinen und Fertigungseinrichtungen
der Universität Stuttgart

Herausgegeben von Prof. Dr.-Ing. G. Stute †

P. KLEMM

Strukturierung von flexiblen Bediensystemen für numerische Steuerungen

Springer-Verlag
Berlin · Heidelberg · New York · Tokyo 1984

D 93

Mit 58 Abbildungen

ISBN-13:978-3-540-13132-8   e-ISBN-13:978-3-642-82224-7
DOI: 10.1007/978-3-642-82224-7

2362/3020-543210

Geleitwort des Herausgebers

Das Institut für Steuerungstechnik der Werkzeugmaschinen und Fertigungseinrichtungen der Universität Stuttgart befaßt sich mit den neuen Entwicklungen der Werkzeugmaschinen und anderen Fertigungseinrichtungen, die insbesondere durch den erhöhten Anteil der Steuerungstechnik an den Gesamtanlagen gekennzeichnet sind. Dabei stehen die numerisch gesteuerten Werkzeugmaschinen in Programmierung, Steuerung, Konstruktion und Arbeitseinsatz sowie die vermehrte Verwendung des Digitalrechners in Konstruktion und Fertigung im Vordergrund des Interesses.

Im Rahmen dieser Buchreihe sollen in zwangloser Folge drei bis fünf Berichte pro Jahr erscheinen, in welchen über einzelne Forschungsarbeiten berichtet wird. Vorzugsweise kommen hierbei Forschungsergebnisse, Dissertationen, Vorlesungsmanuskripte und Seminarausarbeitungen zur Veröffentlichung.

Diese Berichte sollen dem in der Praxis stehenden Ingenieur zur Weiterbildung dienen und helfen, Aufgaben auf diesem Gebiet der Steuerungstechnik zu lösen. Der Studierende kann mit diesen Berichten sein Wissen vertiefen.

Unter dem Gesichtspunkt einer schnellen und kostengünstigen Drucklegung wird auf besondere Ausstattung verzichtet und die Buchreihe im Fotodruck hergestellt.

Der Herausgeber dankt dem Springer-Verlag für Hinweise zur äußeren Gestaltung und Übernahme des Buchvertriebs.

<u>Vorwort</u>

Die vorliegende Arbeit entstand während meiner Tätigkeit
als wissenschaftlicher Mitarbeiter am Institut für Steuerungstechnik der Werkzeugmaschinen und Fertigungseinrichtungen (ISW) der Universität Stuttgart.

Dem verstorbenen Institutsleiter, Herrn Professor
Dr.-Ing. G. Stute, gilt mein besonderer Dank für seine Unter-
stützung, die diese Arbeit ermöglichte. Ebenso danke ich
Herrn Professor Dr.-Ing A. Storr, unter dessen komissarischer
Institutsleitung ich die Promotion vollenden konnte, und
dessen intensive Durchsicht meiner Arbeit wesentlich zu deren
Gelingen beigetragen hat.

Mein Dank gilt auch Herrn Professor Dr.-Ing. M. Weck für seine
Bereitschaft, den Mitbericht zu übernehmen.

Weiterhin danke ich allen Mitarbeitern des Instituts, die in
Gesprächen und Diskussionen wichtige Anregungen zu meiner
Arbeit geliefert haben. Insbesondere möchte ich hierfür Herrn
Dr.-Ing. D. Plasch, Herrn Dipl.-Ing. H. Frank und Herrn
Dipl.-Ing. F. Geser danken.

Peter Klemm

Inhaltsverzeichnis   Seite

Abkürzungen und Begriffe

ASCII	American Standard Code for Information Interchange
AST	zentrale Ablaufsteuerung
BFST	Bedienfeldsteuerwerk
BSEA	Bedien- und Steuerdatenein-/ausgabe
CCITT	Comité Consultatif International de Télégraphie et Téléfonie
CNC	Computerized Numerical Control
DIN	Deutsches Institut für Normung e.V.
DNC	Direct Numerical Control
DO	Datenübertragung
EIA	Electronic Industries Association
EPROM	Erasable Programmable Read Only Memory
FIFO	First In - First Out (Abfertigungsstrategie)
GEO	Geometriedatenverarbeitung
ISO	International Organization for Standardization
MPST	Mehrprozessor-Steuersystem
MSB	Most Significant Bit (höchstwertiges Bit)
NC	Numerical Control
NC-DS	NC-Datenspeicher
NCVA	NC-Datenverwaltung und -aufbereitung
PASCAL	höhere Programmiersprache (benannt nach B. Pascal)
RAM	Random Access Memory
SD	Steuerdaten(liste)
Softkey	Taste, deren Funktion variabel ist und auf einer Anzeige dargestellt wird
Task	als paralleler Rechenprozess abspaltbare Aufgabe eines Rechners
TMS 9900	16-bit-Mikroprozessor (Texas Instruments)
SPS	Speicherprogrammierbare Steuerung
VDI	Verein Deutscher Ingenieure
VR	Verarbeitungsroutine
V.24	Standardschnittstelle für serielle Datenübertragung (nach CCITT)
ZST	Zentralsteuerwerk

Formelzeichen
---

i,...,n   Zählvariable

p   Suchhäufigkeit bezogen auf die Gesamtzahl der Such-
           schlüssel

v   Konstante

Einheiten

Baud   bit/s

s   Sekunde

Steuerzeichen

CR   Carriage Return, Wagenrücklauf (ASCII-Steuerzeichen)

LF   Line Feed, Zeilenvorschub (ASCII-Steuerzeichen)

1 Einleitung

Die angesichts des hohen und ständig steigenden Kostenniveaus notwendige Rationalisierung der Fertigung muß durch umfassende Automatisierungsmaßnahmen erfolgen /1, 2/. Ein geeignetes Mittel hierzu ist der verstärkte Einsatz von numerisch gesteuerten Maschinen in der gesamten Fertigung /3/. Infolge ihrer schnellen Umrüstbarkeit (Flexibilität) ermöglichen sie eine kostengünstige, automatische Fertigung auch bei kleinen Stückzahlen /4, 5/.

In der Fertigung werden verschiedenartige Bearbeitungsverfahren wie Urformen, Umformen, Trennen und Fügen angewandt /6/. Das bedeutet, daß der NC-Technik neue Anwendungsgebiete erschlossen werden müssen, die weit über den klassischen NC-Bereich des Drehens, Bohrens und Fräsens hinausgehen.

Daraus resultieren vielfältige Anforderungen an die numerischen Steuerungen, die von Standard-NCs aufgrund mangelnder Flexibilität oft nicht erfüllt werden können. Die Entwicklung einer Sondersteuerung für die jeweilige Problemstellung ist wegen der geringen Stückzahlen und der bei numerischen Steuerungen allgemein niedrigen Produktlebensdauer (2 bis 3 Jahre), das heißt der Zeitspanne, in der sie konkurrenzfähig verkauft werden können, sehr kostspielig /7, 8/. Deshalb wurden neue, flexible Steuerungskonzepte entwickelt.

Mehrprozessor-Steuersysteme, die in Hardware und Software modular aufgebaut sind und definierte interne Schnittstellen besitzen, erfüllen die Forderung der Flexibilität und weisen darüberhinaus eine gute technologische Nachführbarkeit auf, was zu einer größeren Produktlebensdauer führt /8/. Der Einsatz moderner elektronischer Bauelemente, wie zum Beispiel Mikroprozessoren ist die Grundlage für die Entwicklung solcher Systeme und macht ihre wirtschaftliche Anpassung an Sonderwerkzeugmaschinen auch bei kleinen Stückzahlen möglich.

Durch die numerische Steuerungstechnik ist eine der wesentlichen Voraussetzungen für die Integration dieser Maschinen
in die automatisierte Fertigung gegeben /9/.

Die Anpassung eines Mehrprozessor-Steuersystems an die jeweilige Problemstellung umfaßt drei Hauptbereiche: die be-
dienernahen Funktionen, die internen Verarbeitungsfunktionen,
und die maschinennahen Steuerungsfunktionen.

Da die Interaktion, das heißt die Dialogfähigkeit zwischen
dem Menschen und der Steuerung einen erheblichen Einfluß auf
die Produktivität und damit auf die wirtschaftliche Nutzung
der Maschine hat, kommt der Bedienbarkeit der Steuerung eine
große Bedeutung zu /4/. Nur durch eine sinnvoll zugeschnittene Bedienung können ein optimales System aus Steuerung und
Maschine erreicht und die Steuerungsfunktionen voll ausgenützt
werden. Eigenschaften wie Programmierung an der Maschine, kom-
fortable Dateneingabe, Bedienerführung, bildschirmunterstützte
Tasten (Softkeys) und Fehleranzeigen im Klartext setzen leistungsfähige Mikroprozessoren und hochentwickelte Anzeigen,
wie Bildschirm oder Plasma-Anzeigen voraus. Der wirtschaftliche
Einsatz dieser Bauelemente ist heute möglich.

Durch sinnvolle Anwendung dieser technischen Möglichkeiten
kann die Steuerung den Bediener unterstützen und ihm Routinearbeit abnehmen; die Effektivität seiner Arbeit wird damit
erhöht. Darüberhinaus kann zum Beispiel einem Facharbeiter
durch Programmieren an der Maschine und Beeinflussung des Bearbeitungsablaufs die Möglichkeit gegeben werden, sein Wissen
und Können einzubringen. Auf diese Weise wird der Forderung
nach Schaffung eines angemessenen Arbeitsplatzes Rechnung ge-
tragen.

Aufgrund der starken Anlagenabhängigkeit im Bereich Bedienung
/10/ und der oben erwähnten vielfältigen Anforderungen kann es
keine universelle Einheitslösung für Bediensysteme geben.

Die Entwicklung von individuellen Bediensystemen für jeden
Anwendungsfall verursacht jedoch erhebliche Kosten, bei denen
insbesondere die Softwareentwicklung einen wesentlichen Anteil
bedingt. Diese Kosten können durch die Anwendung von rationellen, systematischen Entwurfsverfahren gesenkt werden.

In der vorliegenden Arbeit soll ein solches Verfahren zur Erstellung von anwendungsspezifischen Bediensystemen behandelt
werden. Der Lösungsansatz ist ein flexibles Bausteinsystem,
das eine definierte Grundstruktur in Hardware und Software
besitzt.

Durch Zusammensetzen von fertigen, standardisierten Basisbau-
steinen, deren Anpassung an die jeweilige Problemstellung und
das Hinzufügen von anwendungsspezifischen Komponenten sollen
verschiedenartige Bediensysteme realisiert werden können.

Voraussetzungen für den Erfolg dieses Bausteinsystems sind:
- eine modulare Grundstruktur, die Anpassungen und Erweiterungen unterstützt, und
- einfache Anwendbarkeit durch Basisbausteine mit sinnvollem
  verständlichem Funktionsumfang, guter Anpaßbarkeit und klar
  definierten Schnittstellen.

Ziel dieser Arbeit ist es, Aufgaben und Anforderungen an die
Bedienung von numerischen Steuerungen zu untersuchen, ausgehend davon ein geeignetes Bausteinsystem zu entwerfen und anhand von Beispielen dessen Einsatz bei der Erstellung von anwendungsspezifischen Bediensystemen zu zeigen.

2 Einordnung und Aufgaben des Bediensystems in der numerischen Steuerung

In der Fertigung werden organisatorische und technische Informationen verarbeitet. Ein Glied in der Kette der Verarbeitung technischer Informationen ist die numerische Steuerung /2/. Ihre Stellung im Informationsfluß zeigt Bild 2.1.

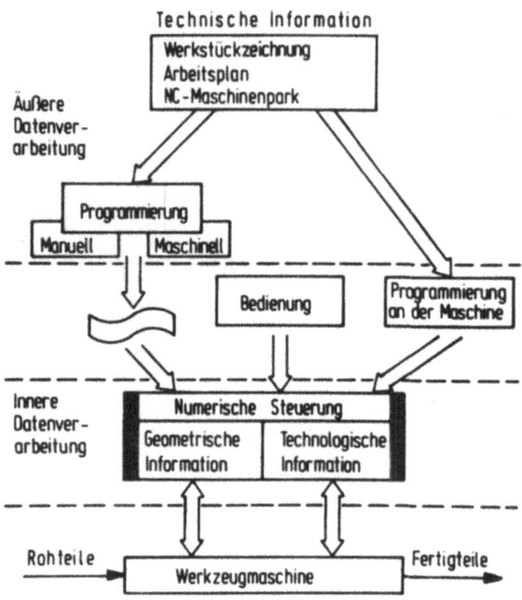

Bild 2.1: Stellung der numerischen Steuerung im Informationsfluß der Fertigung /11/

Alle Arbeitsgänge für die Aufbereitung der Arbeitsinformationen bis zur Erstellung des NC-Programms werden in /12/ unter dem Begriff äußere Datenverarbeitung zusammengefaßt. Die Steuerinformationen, die das entstandene NC-Programm beinhaltet, können eingeteilt werden in geometrische Informationen und technologische Informationen.

Die Verarbeitung dieser Daten geschieht in der numerischen
Steuerung und wird in /2/ innere Datenverarbeitung genannt.

Eine gerätemäßige Trennung zwischen der Erstellung der Steuer-
informationen und deren Verarbeitung, wie sie in der Regel bei
Produktionsmaschinen gegeben ist, existiert bei modernen Hand-
eingabesteuerungen nicht mehr. Hier erfolgt die Erstellung der
Steuerinformationen (NC-Programmierung) im Dialog mit der
Steuerung an der Maschine.

Die - aus ihrer Stellung im Informationsfluß der Fertigung -
resultierende funktionale Struktur der numerischen Steuerung
und die Einordnung des Bediensystems wird im folgenden behandelt.

2.1 Struktur von numerischen Steuerungen

Numerische Steuerungen sind Systeme im Sinne der Systemtechnik;
sie können in Untersysteme gegliedert werden, die Aufgaben und
Anlagenteilen zugeordnet sind. Die Gliederung nach Aufgaben
und die Zuordnung der dadurch entstandenen Funktionsblöcke zu
Funktionsebenen ergibt die horizontale Struktur /13/.

In Bild 2.2 sind, orientiert am Datenfluß, die Funktionsebenen
einer numerischen Steuerung dargestellt.

Für die folgenden Überlegungen wird als Denkmodell die Unter-
teilung von numerischen Steuerungen in fünf Funktionsblöcke
zugrundegelegt /8, 14, 15, 16/:
- Zentrale Steuereinheit (ZST);
- Bedien- und Steuerdatenein-/ausgabe (BSEA);
- NC-Programmverwaltung und -aufbereitung (NCVA);
- Geometriedatenverarbeitung (GEO);
- Speicherprogrammierbare Steuerung (SPS).
Diese stellen den Grundausbau einer numerischen Steuerung dar.
Funktionserweiterungen erfordern zusätzliche Funktionsblöcke.

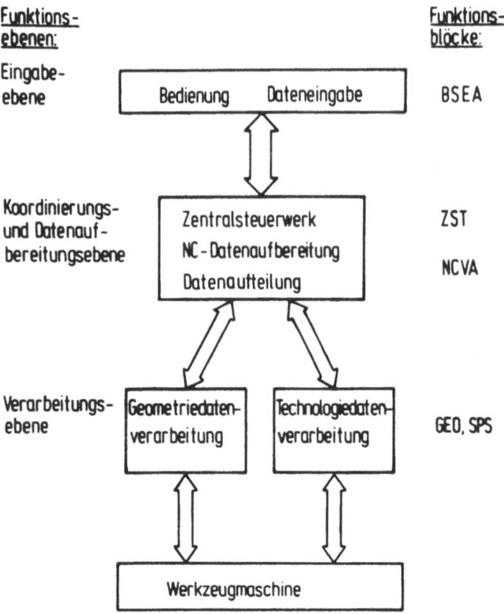

Bild 2.2: Horizontale Struktur einer numerischen Steuerung

2.2 Aufgaben des Bediensystems

Aus dieser Gliederung wurden die Aufgaben des Funktionsblocks
BSEA abgeleitet /15/. Einige dieser Aufgaben sollen im Sinne
einer Datenvorverarbeitung in ein "intelligentes" Bedienfeld
ausgelagert werden. Bedienfeld und BSEA bilden somit ein auf-
einander abgestimmtes System, das im folgenden Bediensystem
genannt wird.

Die Funktionen des Bediensystems entsprechen im wesentlichen
dem Aufgabenumfang, der in /15/ für den Funktionsblock BSEA
festgelegt wurde. In Bild 2.3 werden diese Aufgaben in Bedien-
und Eingabefunktionen einerseits und Anzeigefunktionen andererseits eingeteilt.

Bediensystemfunktionen

Bedienung, Dateneingabe

- Erfassung/Verknüpfung von Bedienoperationen
- Eingabe/Korrektur von NC-Programmen
  und anderen Daten
- Anschluß von Peripheriegeräten und
  DNC-Leitrechner
- Plausibilitätskontrolle der Eingabedaten
- NC-Datenspeicherung
- Aufbereitung von Bedienbefehlen und
  zugehörigen Daten
- Verarbeitung oder Weiterleitung an die
  Funktionsblöcke der Steuerung

Anzeige

- Sammeln und Aufbereiten von Daten
  und Zustandsinformationen aus den
  Funktionsblöcken der Steuerung
- Anzeige von Daten und Zustands-
  informationen
- Informationen für die Bedienerführung

Bild 2.3: Funktionen des Bediensystems

Mit der Gliederung in fünf Funktionsblöcke nach Abschnitt 2.1
ergibt sich die in Bild 2.4 dargestellte funktionale Struktur
einer numerischen Steuerung.

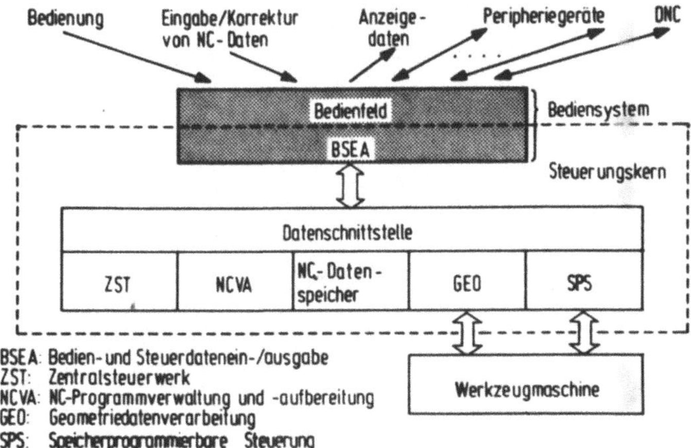

Bild 2.4: Funktionale Struktur einer numerischen Steuerung

Die Zentrale Steuereinheit (ZST) enthält neben zentralen Funktionen, wie Busverwaltung, Systeminitialisierung und Systemfehlerbehandlung die zentrale Ablaufsteuerung (AST), welche die Funktionen der anderen Funktionsblöcke koordiniert /14/.

Zur Detaillierung der Funktionen und Datenschnittstellen ist es sinnvoll die drei Hauptbetriebsarten von numerischen Steuerungen zu unterscheiden:
- Hand-/Einrichtebetrieb;
- NC-Dateneingabe/-ausgabe;
- Automatikbetrieb.
Die wichtigsten Funktionen des Bediensystems in diesen drei Betriebsarten zeigt Bild 2.5.

Betriebsart	Bedienoperationen	Anzeigeinformationen
Hand-/Einrichtebetrieb	- Maschinenfunktionen - Verfahren der Achsen - Referenzpunktfahrt	- Zustand der Maschinenfunkt. - Achspositionen - Störungsmeldungen
NC-Dateneingabe, NC-Datenausgabe	- Eingabe von NC-Programmen - Eingabe von Parametern - Eingabe von Werkzeugdaten - Korrektur von NC-Daten - Ausgabe von NC-Daten	- NC-Programme - Parameterlisten - Werkzeugdaten - Bedienerführung - Störungsmeldungen

Automatikbetrieb	- Zyklus Start/Stopp
	- Beeinflussung des
	  NC-Programmablaufs
	- Testlauf des NC-Programms
		- NC-Programm-/NC-Satz-Nr.
		- Ausschnitte aus dem
		  NC-Programm
		- Achspositionen
		- Störungsmeldungen

<u>Bild 2.5</u>: Bedienoperationen und Anzeigeinformationen

Des weiteren können die Aufgaben des Bediensystems nach folgenden zwei Datenflußrichtungen unterschieden werden:
- Datenflußrichtung 1: vom Bedienfeld zum Steuerungskern. Erfassung und Bearbeitung von Bedienoperationen und deren Weiterleitung an den Steuerungskern.
- Datenflußrichtung 2: vom Steuerungskern zum Bedienfeld. Sammeln und Verdichten von Daten im Steuerungskern, Transfer zum Bedienfeld, Anzeigen oder Auswerten der Daten im Bedienfeld.

In allen Betriebsarten werden die Bedienoperationen vorverarbeitet und als Steuerinformationen an das Zentralsteuerwerk (ZST) weitergegeben. Dieses beauftragt daraufhin die Funktionsblöcke NCVA, GEO und SPS. Dadurch ist eine strenge Aufgabentrennung zwischen BSEA und Ablaufsteuerung durchgeführt. Dies ermöglicht eine klar definierte Schnittstelle für Steuerinformationen und begleitende Nutzdaten an dieser Stelle.

Einen weiteren Bestandteil der Datenschnittstelle stellt der NC-Datenspeicher dar. In der Betriebsart NC-Dateneingabe werden die NC-Daten dort eingeschrieben und ausgelesen. Die NC-Daten bestehen im wesentlichen aus NC-Programmen, Parameterwerten und Werkzeugdaten.

Im Hand-/Einrichtebetrieb sowie im Automatikbetrieb sind im Steuerungskern Daten zu sammeln, zu verdichten und an das Bedienfeld zu senden.

Bild 2.6 zeigt die Bediendatenwege in den drei Betriebsarten.

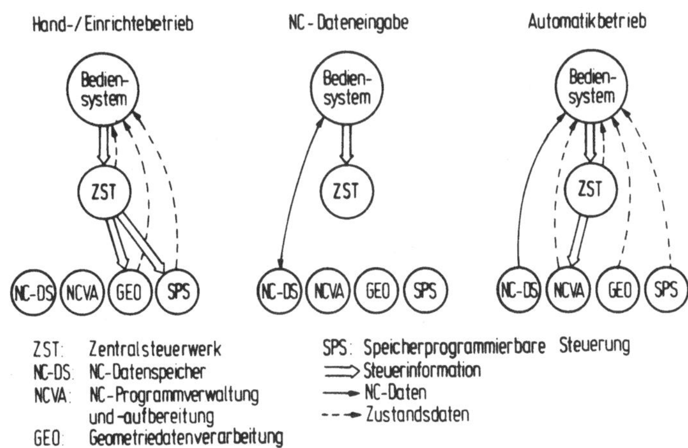

Bild 2.6: Bediendatenwege in den drei Hauptbetriebsarten

Ausgehend von den Aufgaben und Schnittstellen sollen im folgenden die Anforderungen an ein flexibles Bediensystem hergeleitet werden.

2.3 Anforderungen an ein flexibles Bausteinsystem für Bediensysteme

Die Funktionen und die Gestaltung von Bediensystemen sind stark abhängig von der zu steuernden Anlage /10/ und einigen weiteren Faktoren, die in Abschnitt 2.4 untersucht werden. Daraus lassen sich unterschiedliche Anforderungen herleiten. Diese betreffen die Ausführung der Bedientafel, also die Art und Anzahl der Bedien- und Anzeigeelemente /10, 17/, sowie die Verarbeitungsfunktionen im Bediensystem. Aufgrund der unterschiedlichen Anforderungen an die maschinennahen Steuerungsfunktionen sind auch die Datenschnittstellen der zugehörigen Funktionsblöcke ZST, NCVA, GEO und SPS zum Bediensystem anwendungsabhängig. Die Nachrüstung der zu steuernden Maschine mit Zusatzbaugruppen, wie zum Beispiel Handhabungsgerät und die damit verbundene Erweiterung der maschinennahen Steuerungsfunktionen, erfordern den Ausbau des Bediensystems.

Aus dem oben genannten resultiert die Forderung der Anpaßbarkeit und Erweiterbarkeit des Bediensystems in folgenden vier Teilbereichen:
- Ausführung der Bedientafel, Anschluß der Bedien- und Anzeigeelemente;
- Verarbeitung der Bedienoperationen;
- Aufbereitung der Anzeigedaten;
- Datenschnittstelle zu den anderen Funktionsblöcken.
Diese Forderungen beziehen sich auf Hardware und Software.

Die Änderung steuerungsinterner Abläufe hat keine Auswirkung auf die Schnittstellen des Bediensystems, da die Steuerschnittstellen der Funktionsblöcke von der Ablaufsteuerung mit Daten versorgt werden.

2.4 Kriterien und Regeln für die Ausführung von Bedien-systemen

Die Ausführung des Bediensystems als Mensch-Maschine-Inter-face sollte entsprechend den Erfordernissen der jeweiligen Anwendung und ohne den Zwang einer bestimmten technischen Gerätekonfiguration erfolgen. Dabei stehen bei der Festlegung der Bedienstrategie und des Eingabeverfahrens drei Fragen im Mittelpunkt:
- Welche Aufgaben hat der Bediener ?
- Wie kann man die Effektivität seiner Arbeit erhöhen ? /18/
- Wie kann man die Bedienung seiner Qualifikation entsprechend
  einrichten und menschengerecht gestalten ?

Bei der Untersuchung dieser Fragen zeigt sich die Abhängigkeit der geeigneten Bedienung von den in Bild 2.7 dargestellten Faktoren /7, 17, 19/.

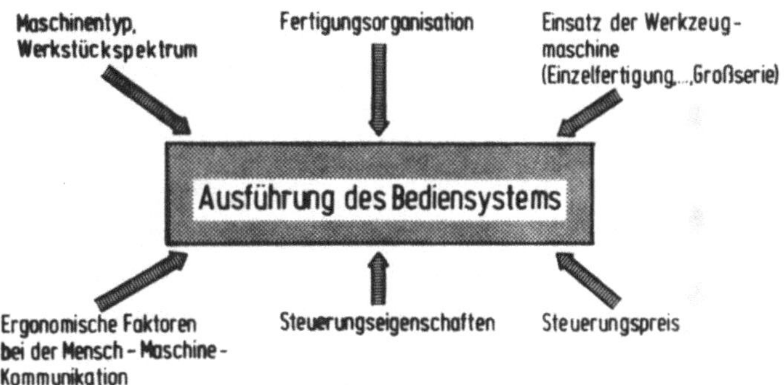

Bild 2.7: Einflußfaktoren für die Ausführung der Bedienung
         von numerischen Steuerungen

Im folgenden wird auf einige der im Bild 2.7 aufgeführten Ein-flußfaktoren eingegangen.

2.4.1 Abhängigkeit von der Fertigungsorganisation

Die Abhängigkeit der geforderten Bediensystemeigenschaften
von der Fertigungsorganisation betrifft im wesentlichen den
Funktionsbereich der NC-Programmierung. Dies resultiert daraus, daß bei der Erstellung von NC-Programmen drei, bezüg-
lich der organisatorischen Eingliederung grundsätzlich ver-
schiedene Verfahren Anwendung finden: die zentrale Programmierung in der Fertigungsvorbereitung, die maschinennahe Werk-
stattprogrammierung und die maschinengebundene Werkstattpro-
grammierung (Programmierung an der Maschine) /19/. Die ersten
beiden Verfahren stellen im wesentlichen die gleichen Anforderungen an das Bediensystem.

Die Entwicklung von hochintegrierten Speicherbausteinen und
Kleinrechnern ermöglichte zunächst die Speicherung von NC-
Programmen in der Steuerung und deren Korrektur über das
Steuerungsbedienfeld. Durch leistungsfähigere Prozessoren und
weiterentwickelte NC-Funktionssoftware entstanden sogenannte
Handeingabesteuerungen, die die manuelle Eingabe von NC-Pro-
grammen am Bedienfeld unterstützen. Damit war die Vorausset-
zung geschaffen für die breite Einführung der NC-Technik in
Betrieben ohne zentrale Fertigungsorganisation /3, 4/.

Das Programmieren an der Maschine erhöht jedoch in der Regel
die Stillstandszeit und kann dadurch den Nutzungsgrad der
Maschine senken. In der Steuerung sind deshalb Funktionen erforderlich, die den Programmiervorgang beschleunigen /17, 20/.
Diese setzen sich zusammen aus Bedienfunktionen und unter-
stützenden Steuerungsfunktionen, wie zum Beispiel der Verarbeitung von Zyklen und Unterprogrammen.

Das Bild 2.8 zeigt unterschiedliche Anforderungen an numerische Steuerungen in Abhängigkeit von der organisatorischen
Eingliederung der NC-Programmierung.

Moderne Mehrprozessor-Steuerungen eröffnen eine Möglichkeit,

die Stillstandszeit der Maschine, die aufgrund der Programmierung an der Maschine entstehen kann, auf Null zu reduzieren:
die Programmierung während der Bearbeitung. Voraussetzungen
hierfür sind die selbständige Überwachung der Maschine während
der Bearbeitung, der Schutz des Bedieners vor Störeinwirkungen
(Lärm, Öl, Kühlmittel, Späne) und wenige oder möglichst keine
Be- und Entladearbeiten /20/. Letzteres kann durch automatischen Werkstückwechsel gewährleistet werden.

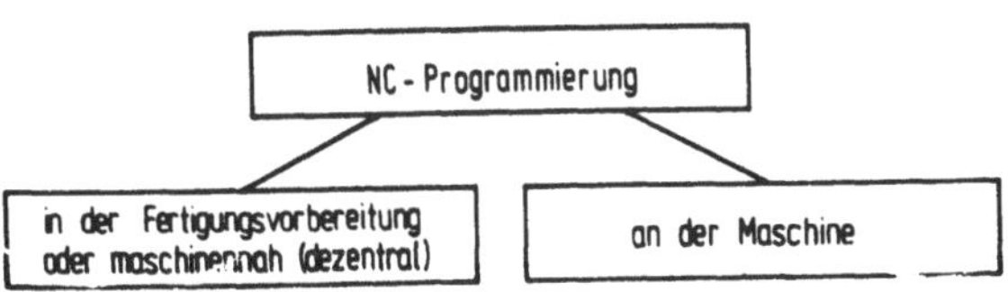

Bedienfunktionen:
- Korrektur von NC-Daten
- Prüfung der eingelesenen
  NC-Daten

Bedienfunktionen:
- Bedienerführung
- Programmierung im Dialog durch
  Menütechnik und Parameterabfrage
- komfortables NC-Datenediting
- Eingabe von Werkstückparametern
- Prüfung der Eingabedaten
- automatische Ermittlung von
  technologischen Werten
- grafische Darstellung des
  Werkstücks
- grafische Darstellung des
  Bewegungsablaufs

Steuerungsfunktionen:
- automatische Werkzeug-
  korrekturrechnung
- feste Zyklen, Unterprogramme
  (nicht unbedingt)

unterstützende Steuerungsfunktionen
- automatische Werkzeug-
  korrekturrechnung
- feste Zyklen, Unterprogramme
- Konturzugprogrammierung
- automatische Schnittaufteilung
- Verarbeitung von Werkstückparametern
- Playback, Teach-In
- NC-Programm Testlauf

Bild 2.8: Unterschiedliche Anforderungen an numerische
Steuerungen in Abhängigkeit von der organisatorischen Eingliederung der NC-Programmierung

2.4.2 Abhängigkeit von Art und Einsatz der Maschine

Aus den unterschiedlichen Bearbeitungsverfahren, dem zu fertigenden Werkstückspektrum und der geplanten Einsatzform der Maschine (Einzelfertigung bis Großserie) ergibt sich eine große Anzahl verschiedenartiger Werkzeugmaschinen. Diese unterscheiden sich hinsichtlich der geforderten maschinennahen Steuerungsfunktionen im wesentlichen durch die Art und die Anzahl der Maschinenfunktionen und Maschinenachsen. Daraus resultieren unterschiedliche Anforderungen an das Bediensystem, nicht nur hinsichtlich der Maschinenbedienung, sondern auch hinsichtlich der zweckmäßigen NC-Programmierung.

Die Unterschiede bei der Maschinenbedienung erstrecken sich auf die
- Art und Anzahl der Bedien- und Anzeigeelemente,
- Verknüpfung von Bedienoperationen,
- Aufbereitung und Verteilung der Bediendaten in der Steuerung,
- Aufbereitung der Anzeigeinformationen und
- Bedienerführung.

Für die Bestimmung der zweckmäßigen NC-Programmierung ist zunächst entscheidend, ob es sich um eine Standardwerkzeugmaschine (z.B. Dreh-, Bohr-, Fräsmaschine oder Bearbeitungszentrum) oder um eine Sonderwerkzeugmaschine handelt. Bei Standardwerkzeugmaschinen ist die Programmeingabe gemäß DIN 66025 /21/ üblich.

Im Gegensatz zu Standardwerkzeugmaschinen sind Sonderwerkzeugmaschinen häufig in ihrer Bauform, Werkzeugausrüstung, Werkzeugaufnahme und Kinematik auf eine bestimmte Bearbeitungsaufgabe beziehungsweise auf die Herstellung einer bestimmten Art von Werkstücken ausgelegt. Durch die Beschränkung der Varianten wird eine zugeschnittene Werkstückbeschreibungsform ermöglicht, die eine erhebliche Reduzierung der Eingabedaten leisten kann.

Werkstückdaten, Werkzeugdaten und Verfahrensdaten bestimmen
dann zusammen mit den in der Steuerung fest gespeicherten
Steuerinformationen (NC-Programme oder Zyklen) den Bearbei-
tungsablauf. Bestenfalls können die Werkstückdaten (Primärdaten) direkt aus der Zeichnung entnommen und in die NC eingegeben werden; die Primärdaten (Werkstückmaße) sind in Sekun-
därdaten (Maße für Maschinenbewegungen) umzurechnen, die dann
als Parameterwerte für die Zyklen oder NC-Programme dienen.

Insgesamt lassen sich durch Ausnutzung der Besonderheiten der
Maschinen und Werkstücke NC-Programmiermethoden entwickeln,
die eine erhebliche Verkürzung des Programmiervorgangs an der
Maschine, sowie eine Verringerung der Fehlermöglichkeiten be-
wirken.

Neben der Abhängigkeit von der Art der Werkzeugmaschine bestehen unterschiedliche Anforderungen an Bedienung und NC-Programmierung auch durch verschiedenartige Einsatzformen der
Maschinen. Im Musterbau sowie im Werkzeugbau sind Programmierung an der Maschine und eine sinnvolle Bedienung die Voraussetzungen für Arbeitsplätze, die der Qualifikation von
Facharbeitern angemessen sind und es ihnen ermöglichen, ihr
Wissen einzusetzen. Bei der Kleinserienfertigung besteht aufgrund der häufig wechselnden Werkstücktypen die Forderung
nach schneller Umrüstbarkeit und kurzer Programmierzeit.
Hierfür sind eine angepaßte Bedienung in der Steuerungsbe-
triebsart Einrichten und Steuerungsfunktionen für die Unterstützung der Programmierung an der Maschine notwendig.

In der Serienfertigung werden hauptsächlich hochautomati-
sierte Maschinen eingesetzt /5/. Es sind deshalb oft Hilfseinrichtungen, wie zum Beispiel Handhabungsgeräte zusätzlich
zur Maschine zu bedienen. Das NC-Programm wird im allgemeinen
in der Fertigungsvorbereitung erstellt und entweder über Loch-
streifen oder DNC-Anschluß in die Steuerung eingegeben. Pro-
grammoptimierungen sollten dabei an der Maschine durchführ-
bar sein. Vom Bediensystem sind deshalb der Anschluß von Loch-
streifenleser/-stanzer beziehungsweise eine DNC-Schnittstelle

und die Möglichkeit der NC-Programmkorrektur verlangt. Probleme, die hierbei auftreten, und ihre Lösung sind in /19/ beschrieben.

2.4.3 Gestaltung und Funktion des Bedienfelds

Das Bedienfeld stellt die Schnittstelle zwischen dem Menschen und dem System Steuerung-Maschine dar. Die Gestaltung des Bedienfelds und sein Schnittstellenverhalten zum Bediener, das durch die Ausführung der Bediensystemfunktionen geprägt wird, unterliegen deshalb den Regeln der Mensch-Maschine-Kommunikation.

Da die Ausführung der Bedientafel von der aktuellen, anforderungsspezifischen Informationsverarbeitung bestimmt ist, entscheidet die Analyse des Zusammenhangs zwischen Informationsangebot und Handlung über die Gestaltung des Bedienfelds und sein Schnittstellenverhalten.

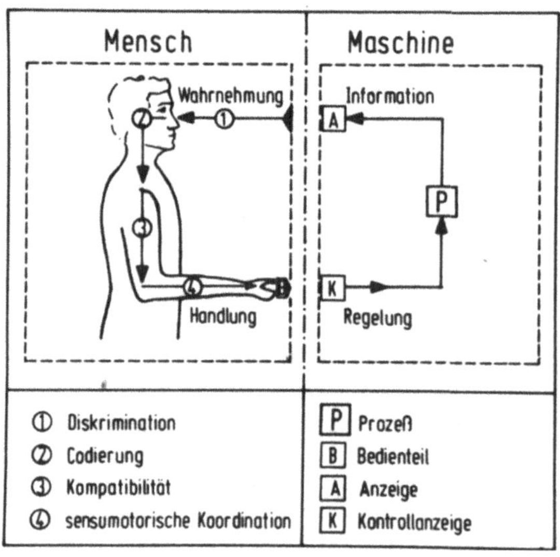

Bild 2.9: Mensch-Maschine-Kommunikation (schematisch) /22/

In Bild 2.9 wird ein vereinfachtes Schema des Informations-
austauschs im Mensch-Maschine-System dargestellt. Es sind darin die vier charakteristischen Problembereiche zu erkennen:
- Anpassung der Informationsdarbietungsmittel an die Informa-
  tionsaufnahmeprozesse des Menschen (Diskriminationsproblem);
  eine gute Wahrnehmung der Signale muß erreicht werden;
- Darstellung der Information für eine schnelle, sichere Interpretation durch den Bediener (Codierungsproblem);
- Berücksichtigung psychologischer Gesetzmäßigkeiten der Koor-
  dination von Informationsaufnahme und -ausgabe bei der Gestaltung von Anzeige- und Bedieneinheiten (Kompatibilitäts-
  problem); einfache Umsetzung der verarbeiteten Information
  in Handlungen;
- Gestaltung und Anpassung der Bedieneinheiten an die Gesetzmäßigkeiten der Psychomotorik (sensumotorisches Koordina-
  tionsproblem) /22/.

Auf diese Problemkreise der Ergonomie soll hier nicht weiter
eingegangen werden; sie sind in /23,..,27/ ausführlich behandelt.

Für die Gestaltung von NC-Bedienfeldern und ihres Schnitt-
stellenverhaltens zum Bediener lassen sich aus dem oben erwähnten die im folgenden erläuterten Grundregeln ableiten.

Da die Informationsverarbeitung beim Menschen sequentiell erfolgt, die Kapazität seines Kurzzeitgedächtnisses jedoch gering ist, sollte die Durchführung logischer Verknüpfungen zur
Entscheidungsfindung durch parallel angebotene Information
unterstützt werden /28/. Andererseits darf durch zuviel gleichzeitig angebotene Information keine Informationsüberflutung
entstehen; die angezeigte Datenmenge muß der menschlichen Auf-
nahmefähigkeit angepaßt sein und das Verhältnis von relevan-
ter zu nicht-relevanter Information ist für die verschiedenen
Betriebszustände zu optimieren. Bild 2.10 zeigt die Bedienbarkeit und die funktionale Komplexität als Funktion von pa-
ralleler und sequentieller Anzeigetechnik.

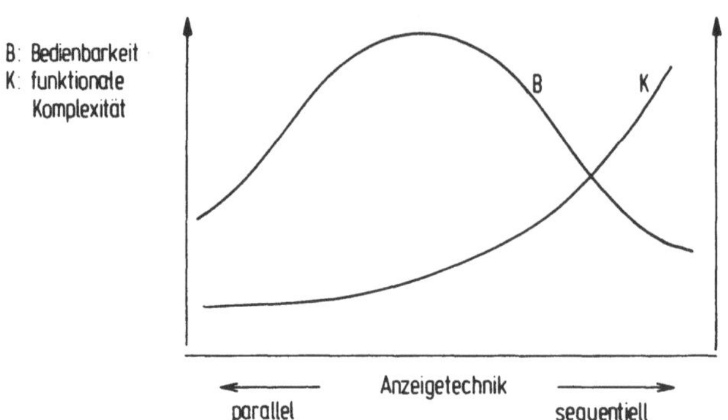

Bild 2.10: Bedienbarkeit und funktionale Komplexität als
Funktion der Anzeigetechnik /28/

Um die Übersichtlichkeit und die Verständlichkeit von Bedien-
feldern zu verbessern, sollte das Bedienfeld in Funktionsbereiche, zum Beispiel nach Betriebsarten, unterteilt werden.
Durch eine weitere Gruppierung der Bedienelemente entsprechend
der funktionalen Zusammengehörigkeit, wird die Erkennbarkeit
der einzelnen Elemente verbessert /24, 25/.

Die Forderung nach mehr Interaktion zwischen Bediener und
Steuerung führt schließlich zu dialogorientierten Systemen.
Hier werden dem Bediener nicht nur Bedienoperationen durch
Anzeigen quittiert, sondern er wird bei der Dateneingabe durch
Menü- oder Abfragetechnik geführt. Eine noch weitergehende
Bedienerführung, die alle Betriebsarten erfaßt, ist durch die
Verwendung von bildschirm-unterstützten Tasten (Softkeys) mög-
lich.

Weitere Maßnahmen zur sinnvollen Gestaltung der Mensch-Ma-
schine-Schnittstelle sind:
- nur Bedienelemente für solche Funktionen, die getrennt von-
  einander bedient werden müssen; abgeleitete oder stets zu-
  zusammengehörende Funktionen sind durch steuerungsinterne
  Abläufe zu realisieren /4/;

- eindeutige Kennzeichnung der Bedienelemente durch Klartext
  oder Symbole gemäß DIN 55003 /29/;
- Bedienelemente für das direkte Auslösen einer Maschinen-
  funktion oder Bewegung sollen sich von solchen unterscheiden, die nur der Dateneingabe dienen, ohne daß sie unmittel-
  bar in Maschinenfunktionen umgesetzt werden;
- Bedienelemente zur Steuerung von Funktionen, die der Bediener aufmerksam beobachten muß, für die "Blindbedienung"
  auslegen;
- betriebsartenabhängiger Anzeigeninhalt;
- Anzeige in Felder einteilen;
- Eingabe in Maßeinheiten, die der Fertigungstechnologie angepaßt sind;
- Reduktion der Eingabedaten;
- Unterstützung des Bedieners durch Informationsfunktion
  ("Help"- oder "Info"-Taste); situationsangepaßte Hilfsin-
  formationen;
- Fehlermeldungen im Klartext, eventuell mit Angabe der notwendigen Korrekturschritte.

In den folgenden Kapiteln werden der gerätetechnische Aufbau
von Bediensystemen und die Strukturierung der Bediensoftware
untersucht.

3 Datenvorverarbeitung im Bedienfeld und Gerätekonfiguration des Bediensystems

Das Bediensystem setzt sich zusammen aus dem Bedienfeld und
dem Funktionsblock Bedien- und Steuerdatenein-/ausgabe im
Steuerungskern (vgl. Bild 2.4).

Da das Bedienfeld in vielen Fällen räumlich entfernt vom
Steuerungskern angeordnet ist, bietet sich eine Vorverarbeitung im Bedienfeld an. Die Vorteile gegenüber der Realisierung
der Bedienfunktionen im Steuerungskern sind /30/:
- der Steuerungskern wird von Bedienfunktionen entlastet;
  eine Änderung der Bedienung ist meist ohne Eingriff in die
  Software des Steuerungskerns möglich;
- die Unterteilung des Bediensystems in zwei Funktionseinheiten erhöht die Flexibilität und die Erweiterbarkeit;
- Minimierung des Datenflusses zwischen Bedienfeld und Steuerungskern durch Vorverarbeitung im Bedienfeld; dadurch ist
  eine bitserielle Datenübertragung möglich (Senkung der Ka-
  belkosten);
- Verkürzung der Reaktionszeiten des Bediensystems durch Verarbeitung der Bedienoperationen am Ort des Entstehens;
- Festlegung einer standardisierten Schnittstelle am Steuerungskern; die Definition einer Einheitssprache für den
  Datenaustausch zwischen Bedienfeld und Steuerungskern wird
  möglich.

3.1 Datenvorverarbeitung im Bedienfeld

Um eine Datenvorverarbeitung im Bedienfeld durchzuführen, sind
einige der in Abschnitt 2.2 definierten Aufgaben des Bediensystems im Bedienfeld auszuführen. Die Aufgabenteilung zwischen Bedienfeld und BSEA ist so zu wählen, daß der Datenfluß minimal wird. Die hierfür benötigten Datenverarbeitungs-
funktionen machen den Einsatz eines Mikrorechners im Bedienfeld erforderlich. Die in Bild 3.1 gezeigte Hardwarestruktur

sowie die Aufgabenteilung zwischen Bedienfeld und BSEA haben
sich in der Praxis bewährt.

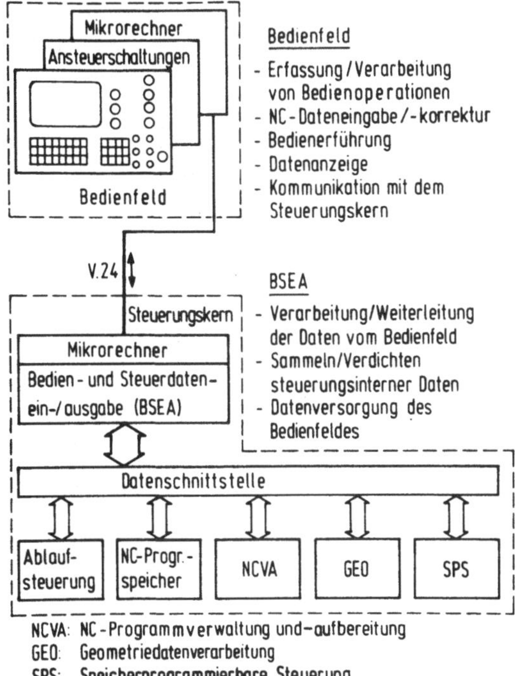

Bild 3.1: Gerätekonfiguration und Aufgabenverteilung im
Bediensystem

Der Aufgabenbereich NC-Dateneingabe beinhaltet die Bedienerführung und Funktionen zur Unterstützung der NC-Programmierung
an der Maschine.

Die Verwendung eines "intelligenten" Bedienfelds, das Funktionen eines NC-Programmiersystems übernimmt, ermöglicht den
Einsatz von standardisierten Steuerungskernen an vielen Werkzeugmaschinen, für die Standardsteuerungen nur in Verbindung
mit der NC-Programmierung in der Arbeitsvorbereitung geeignet
sind. Zum Beispiel kann eine beliebige Bahnkurve mit vorgege-
bener Genauigkeit durch Geraden und Kreisbögen angenähert

werden. Es müssen hierfür im Mikrorechner des Bedienfelds NC-Sätze mit ausreichend engem Punktabstand erzeugt werden; die manuelle Erstellung eines solchen NC-Programms an einer Standardsteuerung, die ein solches "intelligentes" Bedienfeld nicht aufweist, würde einen unvertretbar hohen Programmieraufwand erfordern. Die Grenzen dieses Programmierverfahrens sind durch die kürzestmögliche NC-Satzfolgezeit und die Programmspeicherkapazität des Steuerungskerns gegeben (vgl. Abschnitt 2.4.1).

Das Prinzip der Anpassung von standardisierten Steuerungskernen an anwendungsspezifische Bedien- und Eingabeverfahren durch Verwendung eines zugeschnittenen Bedienfelds kann durch die Einführung einer Einheitssprache an der Schnittstelle zum Steuerungskern unterstützt werden. Eine solche Sprache kann aufbauend auf dem technischen Report ISO Nr. 6132 /31/ und DIN 66025 /21/ entwickelt werden (vgl. Abschnitt 4.2.1).

Daraus resultiert die Forderung nach einem flexiblen Bausteinkonzept für "intelligente" Bedienfelder, das die Anpassung an unterschiedliche Bedienaufgaben und NC-Programmierverfahren ermöglicht. Dieses Bausteinkonzept muß Hardware und Software umfassen (vgl. Abschnitt 2.3).

3.2 Gerätetechnischer Aufbau des Bedienfelds

Ein Bedienfeld, das die gestellten Anforderungen erfüllen soll, stellt ein in sich abgeschlossenes Teilsystem dar. Es besteht aus dem Bedienfeldsteuerwerk (Mikrorechner und Ansteuerschaltungen) und der Bedientafel mit den Bedien- und Anzeigeelementen. Die gerätetechnische Struktur und Werte für die mittlere Datenrate an verschiedenen Stellen im Bedienfeld sind in Bild 3.2 gezeigt.

Abhängig vom Aufgabenumfang des Bedienfeldsteuerwerks und der geforderten Verarbeitungsgeschwindigkeit können 8 bit- oder 16 bit-Mikrorechner eingesetzt werden. Insbesondere beim Einsatz

von höheren Programmiersprachen bieten 16 bit-Mikrorechner aufgrund ihrer höheren Rechenleistung Vorteile. Zum Anschluß des
Bedienfelds an den Steuerungskern wird eine serielle Schnittstelle benötigt (vgl. Abschnitt 3.3.1).

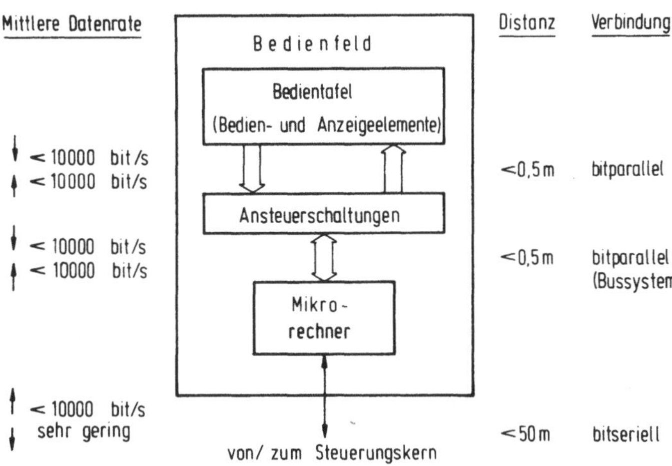

Bild 3.2: Gerätetechnische Struktur und Datenfluß im Bedienfeld

Die eigentliche Anpassung an das Bedienproblem geschieht durch
Programmierung und durch die Ansteuerschaltungen. Durch diese
werden Bedienelemente, Anzeigeelemente und möglicherweise ein
eingebautes Eingabegerät an den Mikrorechner angeschlossen.
Eine Auflistung von Bedien- und Anzeigeelementen zeigt Bild
3.3. Der Anschluß der Bedienelemente erfolgt entweder durch
Einzelsignale, in Form einer Matrix oder gemischt. Durch die
Zusammenschaltung von Bedienelementen zu einer Matrix kann
der Verdrahtungsaufwand und die Anzahl der benötigten Schnittstellenbausteine gesenkt werden; die Verdrahtung wird jedoch
unübersichtlicher. Bild 3.4 zeigt den prinzipiellen Aufbau
einer Ansteuerschaltungsbaugruppe. Durch die Ansteuerschaltungen werden auch analoge Signale von Bedienelementen, wie
Potentiometern und Joysticks in digitale Form gewandelt und

falls nötig Pegelwandlungen für die Bedien- und Anzeigeelemente durchgeführt.

Bedienelemente

Taste

Leuchttaste

Tastatur

Schalter
* Kippschalter
* Schlüsselschalter
* Drehschalter
* Dekadenschalter

Potentiometer

Handrad

Steuerhebel (Joystick)

Anzeigeelemente

Lampe

Leuchtdiode

7 Segment Leuchtdiodenanzeige

Alphanumerische Anzeige

* Leuchtdiodenanzeige
  (Segmente oder Punktmatrix)
* Fluoreszenzanzeige
  (Segmente oder Punktmatrix)
* Plasmaanzeige
* Bildschirm

Graphische Anzeige

* Bildschirm

<u>Bild 3.3</u>: Bedien- und Anzeigeelemente an numerischen
Steuerungen

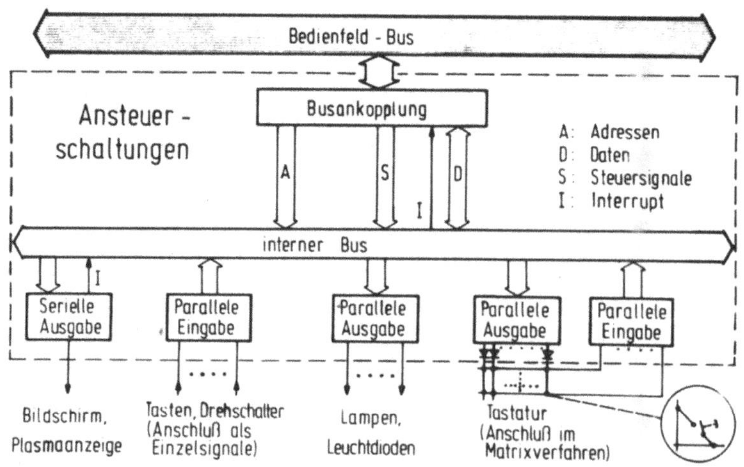

<u>Bild 3.4</u>: Aufbau der Ansteuerschaltungsbaugruppe

Die sequentielle Abfrage von Tasten und Schaltern, deren Entprellung, die Steuerung der Analog/Digital-Wandlung, Umcodie-
rungen für Anzeigen und ähnliche Funktionen können software-
mäßig durchgeführt werden. Dadurch ist eine wesentliche Ver-
einfachung der Ansteuerschaltungen und eine bessere Anpas-
sungsfähigkeit gegeben.

Für die anwendungsspezifische Anpassung der Schnittstellen
bieten sich zwei Wege an: das Zusammensetzen der Gesamtschnitt-
stelle aus vorhandenen Schnittstellenkarten mit Ansteuerschaltungen (Bausteinsystem auf Kartenebene) oder das Entwickeln der gesamten Ansteuerschaltung aus Grundschaltungen
(Bausteinsystem auf Schaltungsebene).

Aufgrund der von Anwendung zu Anwendung unterschiedlichen Art
und Anzahl von Bedien- und Anzeigeelementen ist ein flexibles
Hardwarekonzept für die Zusammenschaltung der Schnittstellen
besonders wichtig. Ein geeignetes Konzept ist die Verbindung
der einzelnen Baugruppen durch das Bussystem des Mikrorechners
(Bild 3.5).

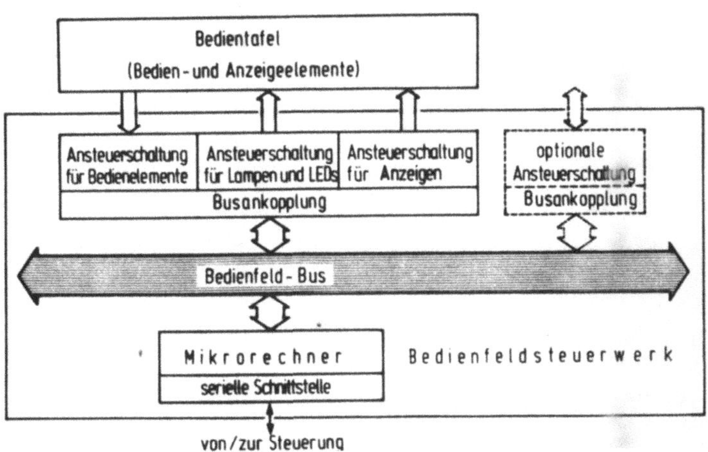

Bild 3.5: Hardwarestruktur des Bedienfeldsteuerwerks

Damit ist die hardwaremäßige Voraussetzung zur Erfüllung der
in Abschnitt 2.3 aufgestellten Forderung nach Flexibilität
und Erweiterbarkeit gegeben.

3.3 Der Funktionsblock Bedien- und Steuerdatenein-/ausgabe

Der Funktionsblock Bedien- und Steuerdatenein-/ausgabe, kurz
BSEA, ist ein Bestandteil des Steuerungskerns (vgl. Bild 2.4).
Der Steuerungskern kann aus einem oder mehreren Mikrorechnern
bestehen, von denen einer die Funktionen des BSEA übernimmt.

Die Funktionen des BSEA sind im wesentlichen:
- Empfang, Aufbereitung und Verarbeitung der Befehle und
  Daten vom Bedienfeld;
- Verteilen der aufbereiteten Befehle und Daten an steuerungs-
  internen Schnittstellen (vgl. Bilder 2.4 und 3.1);
- Datenversorgung des Bedienfelds;
- Anschluß von Peripheriegeräten.
Eine detaillierte Funktionsanalyse enthält der Abschnitt 4.2.3.

Peripheriegeräte

Geräteart	Schnittstelle	Code	Datenrate (Zeichen/s)
Bedienfeld	⎱	ASCII	< 1000
Lochstreifenleser	bitseriell oder	ISO,EIA	150,...,600
Lochstreifenstanzer	zeichenseriell/bitparallel	ISO,EIA	< 75
Magnetbandkassette	⎰	ASCII	< 600
DNC-Leitrechner	bitseriell	ASCII[1]	< 1000

ASCII: entspricht im wesentlichen DIN 66003 und dem ISO 7-Bit-Code
EIA: RS 244, Untermenge in VDI 3234
1):   zusätzlich alle anderen mit 8 bit darstellbaren Zeichen

Bild 3.6: Peripheriegeräte - Schnittstellen und Datenraten

Für den Anschluß von Peripheriegeräten, zu denen hier auch
das Bedienfeld gezählt wird, sind in dem Mikrorechner, der
die Funktionen des BSEA übernimmt, geeignete Schnittstellen
vorzusehen. Bild 3.6 gibt eine Übersicht über die hauptsächlich verwendeten Peripheriegeräte, ihre Schnittstellen und
Datenraten; der DNC-Anschluß wird wie ein Peripheriegerät behandelt. Die Schnittstelle zum Bedienfeld wird in den Abschnitten 3.4 und 4.2.1 eingehend untersucht.

3.4 Serielle Datenübertragung zwischen Bedienfeld und Steuerungskern

Serielle Datenübertragung bedeutet zeitlich aufeinanderfolgende Übertragung von Daten. Es kann in wortserielle, also
bitparallele, und in bitserielle Übertragungsverfahren unterschieden werden.

Bitserielle Verfahren haben den geringeren Leitungsbedarf;
diese Tatsache gewinnt bei zunehmender Länge der Übertragungsstrecke an Bedeutung. Die größere Komplexität der steuernden
Hardware ist heute durch die verfügbaren hochintegrierten
Schnittstellenbausteine kaum noch ein Hinderungsgrund für den
Aufbau bitserieller Datenübertragungsstrecken. Wortserielle
Übertragung ermöglicht höhere Datenraten, bedingt jedoch einen
größeren Leitungsaufwand und wird deshalb vor allem zur Über-
brückung geringer Distanzen eingesetzt /32, 33/. Im folgenden
werden nur noch bitserielle Verfahren erläutert und, wie allgemein in der Literatur üblich, einfach seriell genannt.

Es haben sich zwei Verfahren der seriellen Datenübertragung
durchgesetzt, die nach der Art der Synchronisation als "asyn-
chron" und "synchron" bezeichnet werden. Beim asynchronen
Verfahren erfolgt die Synchronisation für jedes Datenwort getrennt, wohingegen bei synchroner Übertragung der Takt auf
einer getrennten Leitung übertragen oder aus dem Datenstrom
abgeleitet wird. Synchrone Verfahren erlauben höhere Übertragungsgeschwindigkeiten als asynchrone Verfahren; sie werden

deshalb insbesondere für die Datenübertragung zwischen Rechnern eingesetzt /34/. Asynchrone Verfahren werden insbesondere für den Anschluß von Terminals benutzt.

Für den Datenaustausch zwischen Bedienfeld und Steuerungskern bietet sich aufgrund der oft langen Übertragungsstrecke (bis zu 50 m) und der niedrigen Datenrate (kleiner 1000 Zeichen/s) ein asynchrones serielles Datenübertragungsverfahren an /14/. Als Geräteschnittstelle eignet sich die von vielen Datenterminals benutzte V.24-Schnittstelle. Die elektrischen und mechanischen Eigenschaften dieser Standardschnittstelle sind in folgenden Normen und Empfehlungen festgelegt: DIN 66020 /35/, DIN 66021 /36/, DIN 66022 /37/ und DIN 66259 /38/. Die Norm DIN 66020 /35/ wurde aus der Empfehlung V.24 des CCITT (Comité Consultatif International de Télégraphie et Téléphonie) aufgestellt, die wiederum durch Überarbeitung der amerikanischen Norm RS 232A (neue Fassung RS 232C) entstand /39/. Mit den dort definierten Schnittstellen können Daten mit einer Geschwindigkeit von maximal 20 kBaud über Entfernungen von bis zu 60 m (bei Verwendung besonders kapazitätsarmer Kabel) übertragen werden /34/. Für größere Distanzen und höhere Übertragungsgeschwindigkeiten können symmetrische oder unsymmetrische Doppelstromschnittstellen nach DIN 66259, Teil 2 und 3 verwendet werden /38/. Für die Codierung der zu übertragenden Zeichen bietet sich die ASCII-Darstellung (American Standard Code for Information Interchange) an. Der darin definierte Zeichensatz ist weitgehend identisch mit dem Zeichenvorrat nach DIN 66003 /40/, bei dem der 7-Bit-Code nach ISO (International Organisation for Standardization) 646 zugrundegelegt ist.

Bild 3.7 zeigt die einfachste Ausführung einer asynchronen V.24-Schnittstelle für Vollduplex-Betrieb, bei dem beide Geräte gleichzeitig senden und empfangen können. Zusätzlich wird das Datenformat bei Verwendung des ASCII dargestellt. Bei Einsatz der gezeigten Schnittstelle muß die Übertragungsgeschwindigkeit des sendenden Geräts nach der minimalen Empfangsgeschwindigkeit des anderen Geräts bemessen werden. Wenn die Empfangsgeschwindigkeit auch nur kurzzeitig niedrig ist, dann

muß die Sendegeschwindigkeit entsprechend niedrig und konstant sein. Dieser Nachteil kann auf zwei Arten vermieden werden:
- Zwischenspeicherung der empfangenen Zeichen in dem Schnittstellenbaustein des empfangenden Geräts. Dadurch kann eine kurzzeitig niedrige Verarbeitungsgeschwindigkeit überbrückt werden.
- Quittierungsleitung "Sendevorgang unterbrechen" zusätzlich verwenden. Damit kann das empfangende Gerät den Sendevorgang des anderen Geräts gezielt dann unterbrechen, wenn es gerade keine weiteren Zeichen empfangen kann. Signale hierfür sind in den V.24-Festlegungen definiert.

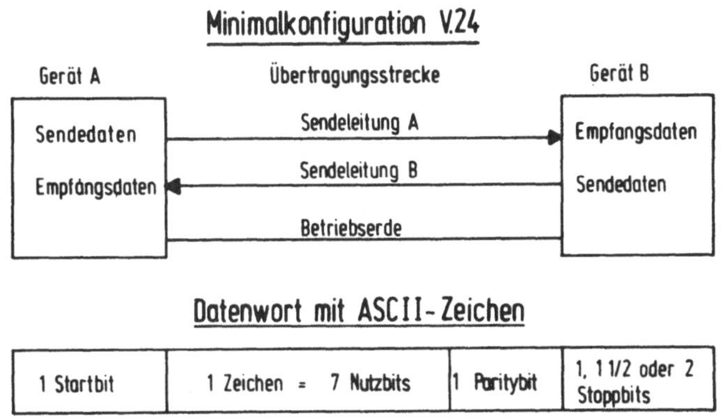

Bild 3.7: Serielle Datenübertragung nach V.24 für ASCII-Zeichen

In einer Umgebung, die starke elektromagnetische Störungen aufweist, kann als Übertragungsmedium ein Lichtleiter sinnvoll sein. Aus Kostengründen ist heute der Einsatz eines Lichtleiters nur bei serieller Datenübertragung vertretbar. Vorteile der optischen Datenübertragung über Lichtleiter sind:
- Unempfindlichkeit gegenüber elektromagnetischen Störungen;
- galvanische Trennung der verbundenen Teilsysteme, deshalb keine Potentialprobleme und Störungen durch lange Masseleitungen oder Erdschleifen.

Durch die geringe Leitungsanzahl einer V.24-Schnittstelle entstehen keine hohen Leitungskosten. Bild 3.8 zeigt ein Daten-
übertragungssystem, das V.24-Schnittstellen und einen Lichtleiter als Übertragungsmedium besitzt.

Bild 3.8: Datenübertragung mit Lichtleiter und V.24-Schnitt-
stellen

Die Verwendung der V.24-Schnittstelle verbunden mit der Übertragung von Zeichen in ASCII-Darstellung bringt Vorteile in
der Entwicklungsphase, im Betrieb und bei der Fehlersuche:
- Simulation des Bedienfelds durch ein Standardterminal erleichtert die getrennte Entwicklung von Bedienfeld und
  Steuerungskern;
- Prüfbarkeit des Bedienfelds ohne spezielle Prüfeinrichtungen
  mit einem Standardterminal;
- Schnittstelle ist unabhängig vom Ausbaugrad des Bedienfelds,
  lediglich die zu übertragenden Daten ändern sich. Die in Abschnitt 2.3 geforderte Flexibilität wird dadurch unterstützt;
- im Bedienfeld müssen ASCII-Zeichen für die Anzeige nicht um-
  codiert werden, da viele Displays den ASCII-Code direkt verarbeiten.

Neben den Leitungen für die serielle Datenübertragung sind zum
Bedienfeld zwei weitere Leitungen für die Notaus-Funktion und
Leitungen für die Stromversorgung vorzusehen. Der Leitungsbe-
darf ist somit insgesamt sehr gering /41/.

4 Strukturierung und Verfahren der anwendungsbezogenen Anpassung der Bediensoftware

Die Eigenschaften von Bediensystemen werden im wesentlichen
von ihrer Software bestimmt. Aufgrund der Vielfalt von unterschiedlichen Anforderungen an die Bedienung, die insbesondere
bei der Entwicklung von numerischen Steuerungen für Sonderwerkzeugmaschinen gegeben ist, müssen verschiedenartige Soft-
wareversionen erstellt werden. Da jedoch die Kosten der Softwareentwicklung einen großen Bestandteil der Gesamtentwick-
lungskosten für numerische Steuerungen darstellen, sind in
diesem Bereich rationelle, systematische Verfahren anzuwenden.

Als Lösungsweg für die rationelle Erstellung der Bediensoftware wird im folgenden die Anwendung eines Bausteinsystems mit
modularer Struktur untersucht. Zunächt sollen die Grundideen
und die funktionale Struktur dieses Bausteinsystems hergeleitet
werden.

Die Bediensoftware verteilt sich auf die zwei Funktionseinheiten: das Bedienfeldsteuerwerk und den Funktionsblock BSEA im
Steuerungskern (vgl. Abschnitt 3). Für beide Programmsysteme
gilt die Forderung nach Flexibilität und Erweiterbarkeit (vgl.
Abschnitt 2.3). Die Analyse der Anforderungen an die Bediensoftware zeigt die Möglichkeit, die benötigten Programmfunktionen in drei Klassen einzuteilen:
- Funktionen, die in jeder Anwendung identisch benötigt werden;
- Funktionen, die in vielen Anwendungen mit nur geringen Anpassungen eingesetzt werden können;
- anwendungsspezifische Funktionen /30/.
Demzufolge kann für die ersten beiden Funktionsklassen eine
anwendungsunabhängige Basissoftware für das Bedienfeldsteuerwerk und den Funktionsblock BSEA geschaffen werden. Auf dieser einmal zu entwickelnden Basissoftware soll dann in allen
folgenden Anwendungen aufgebaut werden können (Prinzip der
Wiederverwendbarkeit).

Wiederverwendbarkeit stellt jedoch strenge Anforderungen an

die Eigenschaften der Basissoftware:
- modulare Grundstruktur, die Anpassungen und Erweiterungen
  unterstützt;
- Untergliederung in kleinere Einheiten (Programme), deren
  Ausführung nach einheitlichen Regeln gesteuert wird;
- funktionssichere Programme mit verständlichem Funktionsumfang und guter Anpaßbarkeit;
- klar definierte, einheitliche Schnittstellen für die Ankopplung anwendungsspezifischer Programme;
- Konfigurierbarkeit, anwendungsabhängige Zusammenstellung
  der Programme muß möglich sein.

Die Programmbausteine sollen ferner anwenderfreundliche
Schnittstellen zur Geräteperipherie zur Verfügung stellen.
Das bedeutet zum Beispiel, daß die Hardwareschnittstellen zu
den Bedien- und Anzeigeelementen auf einfache Datenschnittstellen in der Software abgebildet werden müssen.

Die Basissoftware erfüllt also ähnliche Funktionen wie ein Betriebssystem, indem sie den Anwendungsprogrammierer von der
hardwaremäßigen Ausführung des Bediensystems abkoppelt, und
ihm hardwareunabhängige Schnittstellen und Dienstprogramme
zur Verfügung stellt. Dies erstreckt sich jedoch nur auf bedienspezifische Schnittstellen und Funktionen. Zur Ausführung
von Funktionen, die vom Aufgabenbereich Bedienung unabhängig
sind, soll ein Mikrorechnerbetriebssystem eingesetzt werden
/42, 43/.
Damit ergibt sich der in Bild 4.1 dargestellte Softwareauf-
bau im Bediensystem.

Die Vorgehensweise bei diesem Lösungsweg ist, daß die anwendungsunabhängige Basissoftware einmal von Spezialisten erstellt und dann als fertiges Produkt den Entwicklern von anwendungsspezifischen Bediensystemen zur Verfügung gestellt
wird. Damit werden diese in die Lage versetzt, zusammen mit
dem Hardwarebausteinsystem auf einfache Weise eigene Bediensysteme zu erstellen.

41

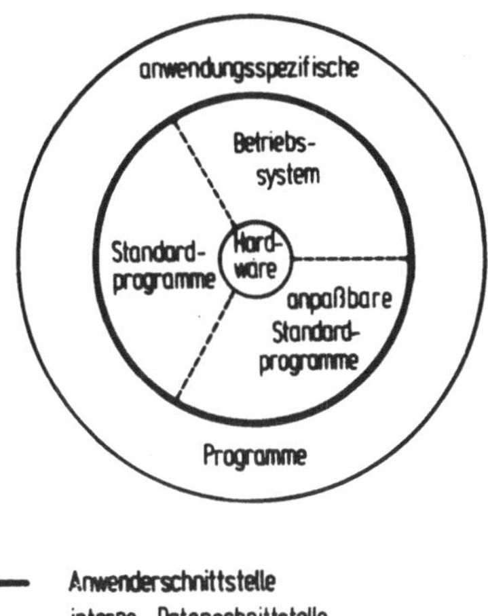

Bild 4.1: Aufbau der Software im Bediensystem

4.1 Das Prinzip der Anpassung

Die wiederverwendbare Basisbediensoftware umfaßt Standardprogramme mit unveränderlicher Funktion und anpaßbare Standardprogramme. Sie besteht aus einem Kern, der in jeder Anwendung
benötigt wird, und einer Reihe von Zusatzprogrammen. Aus diesen werden nur diejenigen für die jeweilige Anwendung entnommen, die tatsächlich benötigt werden (Konfigurierbarkeit).

Die anpaßbaren Standardprogramme realisieren Grundfunktionen
von Bediensystemen, die in vielen Anwendungen in geringfügig
modifizierter Form eingesetzt werden können. Grund für die
Entwicklung solcher anpaßbarer Programme ist, daß es nur wenige Funktionen gibt, die in vielen Anwendungen völlig identisch sind. Deshalb ist der Funktionsumfang, der durch Programme mit unveränderlichen Funktionen abgedeckt wird, nur
gering. Mit solchen Programmen allein kann deshalb keine

leistungsfähige, wiederverwendbare Basissoftware aufgebaut
werden.

Die anpaßbaren Standardprogramme sind anwendungsunabhängig.
Ihre anwendungsbezogene Anpassung geschieht durch sogenannte
Steuerdaten, die zusammen mit den Programmen im Speicher des
Mikrorechners abgelegt werden. Diese anwendungsspezifischen
Daten werden bei der Programmausführung interpretiert, das
heißt, sie steuern Programmverzweigungen und werden als konstante Verarbeitungsdaten verwendet. Auf diese Weise können
zum Beispiel die gewünschten Programmfunktionen ausgewählt
und Schnittstellen spezifiziert werden. Der Vorteil dieser
Methode der Anpassung ist, daß das Programm selbst nicht verändert werden muß.

Als Beispiel einer Funktion, für die ein anpaßbares Programm
entwickelt werden kann, soll die Erfassung von Bedienoperationen erläutert werden. Von einem wiederverwendbaren Programm
wird erwartet, daß es alle Bedienelemente, die in Bedientafeln üblicherweise eingesetzt werden, bearbeiten kann (vgl.
Bild 3.3). Weiterhin muß es mittels Steuerdaten an die Art
und die Anzahl der in der jeweiligen Anwendung vorhandenen
Bedienelemente angepaßt werden können.

Für den Anwender ergibt sich daraus der Nutzen, daß er für die
jeweilige Funktion kein Programm entwickeln muß, sondern ein
fertiges, funktionsfähiges Programm übernehmen kann und lediglich die Steuerdaten für den vorliegenden Anwendungsfall erstellen muß. Dies erfordert nur die Beachtung bestimmter Regeln, jedoch keine Programmier- oder Hardwarekenntnisse. Die
Erstellung der Steuerdaten kann auch rechnerunterstützt erfolgen (vgl. Abschnitt 5.2).

Die Flexibilität der anpaßbaren Programme muß allerdings mit
einer Einbuße an Verarbeitungsgeschwindigkeit erkauft werden.
Aus diesem Grund muß die Art und die Anzahl der zu interpre-
tierenden Steuerdaten, und damit also der Anpassungsgrad, so

gewählt werden, daß eine möglichst gute Wiederverwendbarkeit
bei ausreichend hoher Verarbeitungsgeschwindigkeit gegeben
ist. Dies erfordert viel Erfahrung seitens des Entwicklers der
Basisbediensoftware.

Die anwendungsbezogene Anpassung erfolgt außer durch anwendungsspezifische Steuerdaten auch durch anwendungsspezifische
Programme. Die Struktur dieser Programme ist durch die Ankop-
pelschnittstelle der Standardprogramme gegeben. Bild 4.2 zeigt
die Bestandteile der Gesamtsoftware eines anwendungsspezifischen Bediensystems.

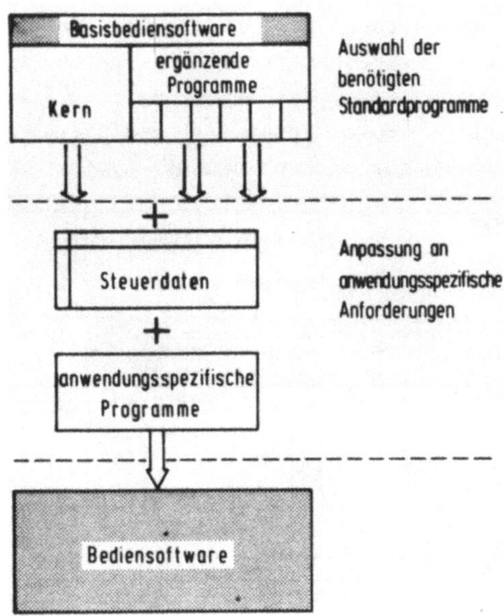

Bild 4.2: Bestandteile der Bediensoftware

In den Abschnitten 4.2.2 und 4.2.3 wird beispielhaft die Ausführung von Basissoftware für Bediensysteme und die Ankopplung
anwendungsspezifischer Programme untersucht.

4.2 Funktionale Gliederung der Bediensoftware

An die Bediensoftware wird die Forderung der Flexibilität und
Erweiterbarkeit gestellt. Diese Forderung kann erfüllt werden,
indem die Software im Bedienfeldsteuerwerk und im Funktionsblock BSEA des Steuerungskerns in Funktionseinheiten unterteilt wird. Diese Funktionseinheiten, im folgenden Tasks genannt, sollen entsprechend den realen Anforderungen quasi-
parallel ablaufen (Multitasking).

Hierfür muß den einzelnen Tasks nach einem Priorisierungsver-
fahren, das Zeitbedingungen, Reihenfolgepriorität und externe
Ereignisse berücksichtigt, abwechselnd Prozessorzeit zugeteilt
werden. Diese Verwaltung der Tasks, sowie die Verwaltung von
Interrupts und Hardwareschnittstellen kann von einem Betriebssystem übernommen werden, das den gestellten Echtzeitanfor-
derungen genügt. Bild 4.3 zeigt die resultierende Softwarestruktur innerhalb des abgeschlossenen Systems Mikrorechner.

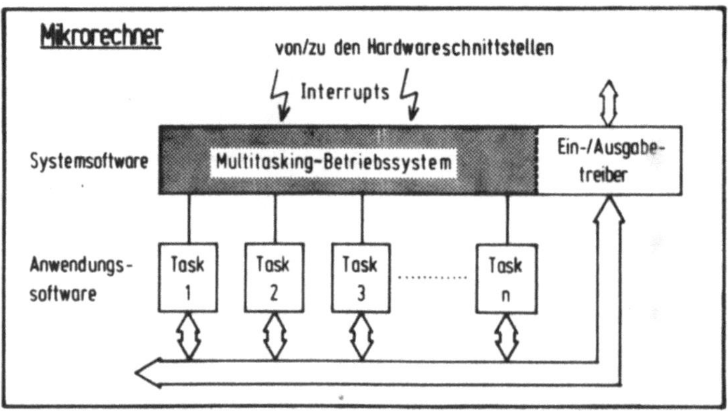

Bild 4.3: Strukturierung der Bediensoftware in Tasks

Das Betriebssystem muß folgende Taskverwaltungsaufrufe aus
der Bediensoftware ausführen können:
- Task aktivieren;

- Task passivieren und auf den Anfangszustand setzen;
- Task für eine angebbare Zeitdauer unterbrechen.

Gegenüber der sequentiellen Softwarestruktur, bei der das gesamte Verarbeitungsproblem, mit Ausnahme der Interruptantwortroutinen, in eine einzige Befehlssequenz zu bringen ist, hat die Strukturierung in parallel laufende Tasks wesentliche Vorteile:
- Aufteilung in Teilprozesse entsprechend den realen Gegebenheiten, ergibt flexible Struktur und gute Anpaßbarkeit in allen Entwicklungsphasen;
- klare Trennung in Funktionen (realisiert durch Tasks), bewirkt modulare, übersichtliche Struktur;
- Zwang zu strukturierten Schnittstellen vor allem beim Steuerfluß; dadurch wird die Software einfach erweiterbar;
- gute Testbarkeit des Gesamtsystems durch Überprüfung der Teilprozesse.

Die Tasks selbst sind hierarchisch strukturiert; sie bestehen aus einem Steuerteil, Verwaltungsprogrammen und funktionsspezifischen Programmen. Im Steuerteil wird die taskspezifische Initialisierung und die Fehlerüberwachung durchgeführt; vor allem jedoch werden die Verwaltungsprogramme gesteuert. Diese wiederum stellen die Daten für den Aufruf der funktionsspezifischen Programme bereit, wobei sie Steuerdaten interpretieren. Die Verwaltungsprogramme erzeugen also die Schnittstelle zu den funktionsspezifischen Programmen; an diese Schnittstelle werden auch die anwendungsspezifischen Programme angekoppelt. Der modulare Aufbau der Software ermöglicht die Modifikation von Funktionen durch Austausch einzelner Programme innerhalb einer Task.

Bild 4.4 zeigt die Gliederung der Bediensoftware im Bedienfeld und im Funktionsblock BSEA. Die Funktionseinheiten sind entsprechend ihrer Zugehörigkeit zu den beiden Datenflußrichtungen im Bediensystem angeordnet. Sie sind mit Ausnahme der Treiber durch eine oder mehrere Tasks realisiert.

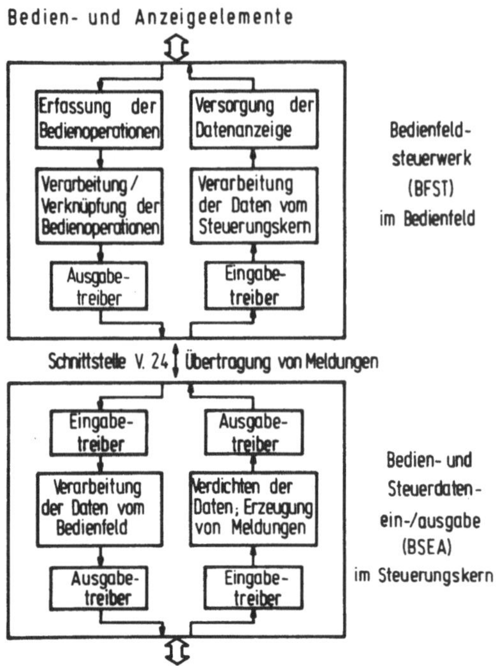

Bild 4.4: Funktionale Gliederung der Bediensoftware

4.2.1 Kommunikation zwischen Bedienfeld und Steuerungskern

Für die Datenübertragung zwischen dem Bedienfeld und dem
Steuerungskern wird die V.24-Schnittstelle und die Zeichendar-
stellung nach ASCII verwendet. Dies wurde in Abschnitt 3.4
bereits erläutert.

Die in beiden Richtungen zu übertragenden Daten, zum Beispiel
Bedienbefehle oder Achspositionen, müssen aufgrund des seriellen Übertragungsverfahrens als Zeichenfolgen dargestellt werden. Jedes Datum, so zum Beispiel eine Achsposition, besteht
aus mehreren Zeichen und ist einzeln zu verarbeiten. Deshalb

wird jedes Datum als formatierte Zeichenfolge, die im folgenden Meldung genannt wird, übertragen. Im Bild 4.5 sind die
Vorschriften für das Meldungsformat dargestellt.

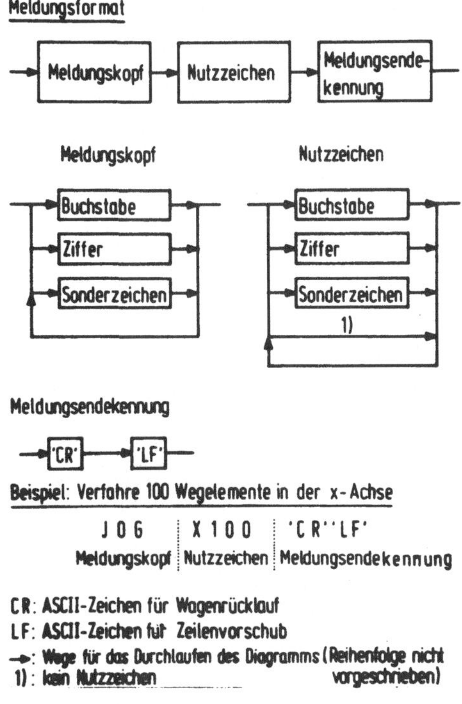

Bild 4.5: Vorschriften für das Meldungsformat

Der Meldungskopf dient zur Identifizierung der Meldung. Er
soll die Bedeutung der Meldung in abgekürzter Form enthalten.
Die Meldungsendekennung besteht aus den Steuerzeichen "Wagenrücklauf" ('CR') und "Zeilenvorschub" ('LF'). Beide Vorschriften erleichtern die Entwicklung und den Test von Bediensystemen, da sie die sinnfällige Eingabe und Darstellung von

Meldungen an Standardterminals unterstützen. Darüberhinaus gewährleistet dieses Format eine gute Interpretierbarkeit der
Meldungen durch Mikrorechnerprogramme.

Bei der Strukturierung von Meldungskopf und Nutzzeichen kann
der technische Report ISO Nr. 6132 /31/ zugrundegelegt werden.
Dieser definiert eine Kommandosprache für numerische Steuerungen, indem er mnemonische Codes für Kommandos und deren
Ergänzung durch ein oder mehrere Zusatzdaten (Operanden) fest-
legt. Eine Erweiterung der Kommandos für die Handbedienung
der Maschine ist allerdings notwendig. Weiterhin sind für den
Datentransfer vom Steuerungskern zum Bedienfeld, Meldungen
festzulegen. Bild 4.6 zeigt die Kommandostruktur und die resultierende Meldung anhand eines Beispiels.

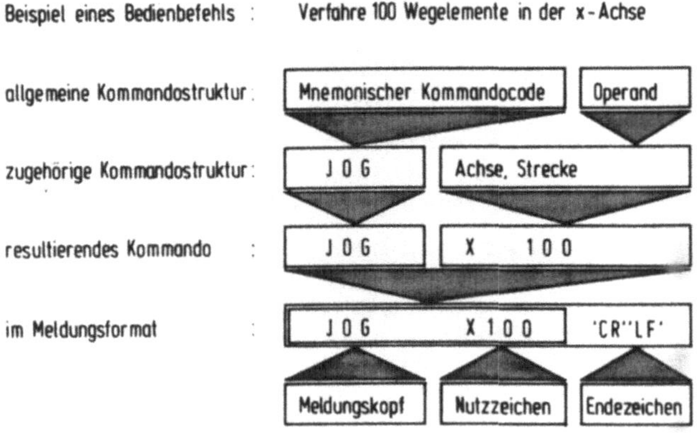

<u>Bild 4.6</u>: Meldung für Verfahren im Schrittmaß

NC-Programme werden, dargestellt gemäß DIN 66025 /21/, als
Nutzdaten übertragen.

Eine einheitliche Kommandosprache und Meldungsstruktur an der
Schnittstelle zwischen Bedienfeld und Steuerungskern kann den
Anschluß anwendungsspezifischer Bedienfelder an Standard-

steuerungskerne wesentlich vereinfachen und erleichtert die
Beschreibung des Funktionsumfangs eines Steuerungskerns.

4.2.2 Softwarestruktur im Bedienfeldsteuerwerk

Die Softwarestruktur nach Bild 4.4 soll im folgenden weiter
detailliert werden. Eine Aufteilung in parallel laufende Tasks
mit folgenden Funktionen ist möglich:
- Erfassung der Bedienoperationen, für alle Bedienelemente
  der Bedientafel;
- Verarbeitung und Verknüpfung der Bedienoperationen; Erzeu-
  gung von Meldungen an den Steuerungskern;
- Editierfunktionen für NC-Dateneingabe und NC-Datenkorrektur;
- Verarbeitung der Meldungen vom Steuerungskern.
Bild 4.7 zeigt die resultierende Softwarestruktur.

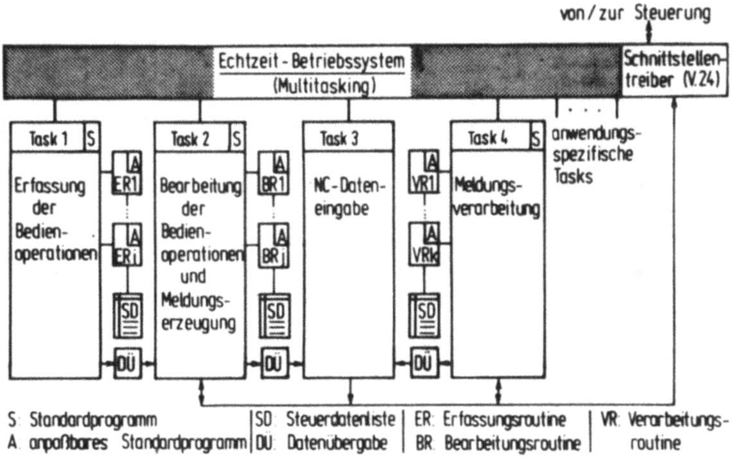

Bild 4.7: Softwarestruktur im Bedienfeldsteuerwerk

Der Aufgabenteilung im Bereich der Erfassung und Bearbeitung
der Bedienoperationen liegt das Prinzip der zeitlichen Entkopplung von Datenerfassung und -verarbeitung zugrunde.

Die Task zur Erfassung der Bedienoperationen ist Bestandteil
der Basissoftware; sie läuft zyklisch und wird vom Anwender
üblicherweise nicht verändert. Sie muß jedoch durch Steuerdaten an den jeweiligen Ausbau der Bedientafel, also an Art
und Anzahl der Bedienelemente angepaßt werden.

Die Bearbeitung und Verknüpfung der Bedienoperationen wird
in einer zweiten Task durchgeführt, die auf Anforderung der
Erfassungstask abläuft. Die zeitliche Entkopplung geschieht
durch Übergabe der Kennungen zu den Bedienoperationen in einen
FIFO-Pufferspeicher. Die anwendungsunabhängigen Teile der Task
sind in der Basissoftware enthalten; der Anwender hat die Möglichkeit durch Aufrufen eigenentwickelter Bearbeitungsroutinen
anwendungsspezifische Funktionen zu realisieren (vgl. Bild
4.7). Der Aufruf dieser Routinen wird in den Steuerdaten vereinbart.

Eine weitere Task führt die Editorfunktionen aus, die für NC-
Dateneingabe und -korrektur notwendig sind:
- Zeichen eingeben und anzeigen;
- Zeichen, Worte und NC-Sätze einfügen, ändern und löschen;
- NC-Programme löschen;
- NC-Daten aus dem NC-Datenspeicher anzeigen.

Diese Funktionen werden dem Bedienfeldsteuerwerk zugeordnet,
um die anwendungsspezifische NC-Dateneingabe unabhängig vom
Steuerungskern lösen zu können (Bedienfeld mit Programmier-
systemfunktionen) und um diesen zu entlasten. Auch die Verwirklichung der Funktion NC-Programmierung während der Bearbeitung wird dadurch vereinfacht.

Die Task Editor wird in dieser Arbeit nicht beschrieben, da
sie über die oben genannten Grundfunktionen hinaus anwendungsabhängig ist.

In der vierten Task werden die Meldungen vom Steuerungskern
verarbeitet. Diese Task kann entweder zyklisch ablaufen oder

beim Eintreffen einer Meldung aktiviert werden. Die Aufgaben
sind im wesentlichen:
- Übergabe von Meldungszeichen an die Anzeigen;
- Übergabe von Meldungszeichen an andere Tasks;
- Betriebsartenwechsel;
- Tasks aktivieren und passivieren.

Auch hier sind die anwendungsunabhängigen Teile in der Basissoftware enthalten. Die anwendungsbezogene Anpassung geschieht
wie bei der Task zur Bearbeitung der Bedienoperationen.

Durch Hinzufügen weiterer Tasks können die Funktionen des Bedienfeldsteuerwerks erweitert werden. Ein Betriebssystem, das
die Forderungen von Abschnitt 4.2 erfüllt, erleichtert dies.
Die Verwaltung und Datenversorgung dieser Tasks wird von der
Basissoftware übernommen.

Der Ein-/Ausgabetreiber an der Schnittstelle zum Steuerungskern arbeitet interruptgesteuert und ist dem Betriebssystem
zuzuordnen.

4.2.2.1 <u>Erfassung der Bedienoperationen</u>

Die Bedienoperationen werden durch eine zyklisch ablaufende
Task erfaßt. Diese Task kann gegliedert werden in einen Steuerteil, ein Übergabeprogramm für einen Pufferspeicher und be-
dienelementespezifische Abfrageroutinen. Bild 4.8 stellt diese Gliederung dar.

Der Steuerteil ruft entsprechend den Angaben in den Steuerdaten die Abfrageroutinen auf. Jede Abfrageroutine ist zu-
ständig für eine bestimmte Art von Bedienelementen, die in
einer vorgeschriebenen Weise an die Eingänge der Ansteuerschaltungen angeschlossen sein müssen (vgl. Abschnitt 3.2).
Letzteres ist notwendig, um das betätigte Bedienelement identifizieren zu können.

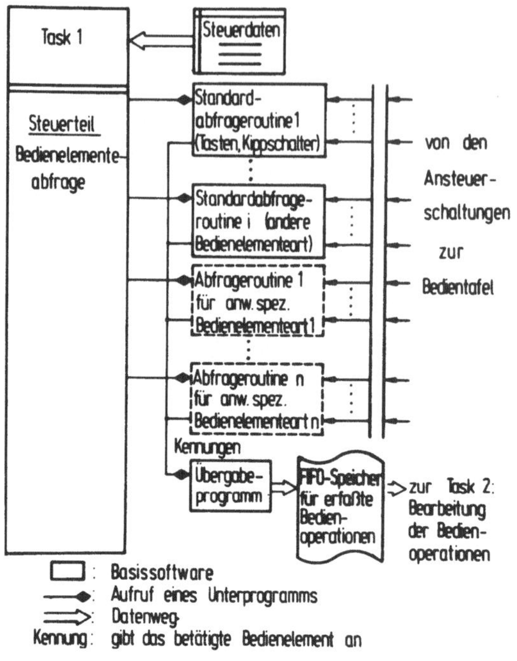

Bild 4.8: Task zur Erfassung der Bedienoperationen

Die Abfrageroutinen lesen den Zustand der Bedienelemente ein,
führen eine softwaremäßige Entprellung durch und erzeugen
ein Abbild des Bedienelementezustands im Speicher des Mikrorechners. Bei Erkennen einer Zustandsänderung wird eine Kennung für das entsprechende Bedienelement in den Pufferspeicher übergeben. Bild 4.9 verdeutlicht diesen Ablauf.

Der Pufferspeicher ist als FIFO-Speicher ausgeführt, damit
die zeitliche Reihenfolge der Bedienoperationen bei der an-
schließenden Bearbeitung erhalten bleibt.

Nachdem alle Bedienelemente abgefragt sind, die Task also
einmal durchlaufen wurde, wird die nachfolgende Task zur Bearbeitung der Bedienoperationen aktiviert. Die Abfragetask
beginnt wieder von vorne und läuft dann parallel zur Bearbeitungstask ab.

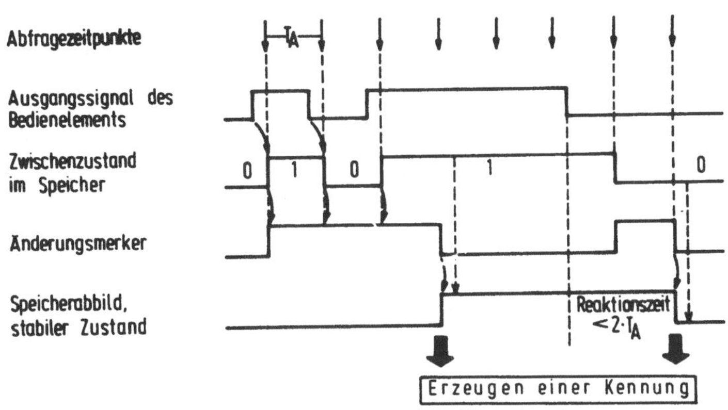

Bild 4.9: Softwaremäßige Entprellung und Erzeugung einer
Kennung

Die Abfrageroutinen sollen unabhängig von der Anzahl der Bedienelemente einsetzbar sein. Deshalb erfassen sie in einem
Durchlauf nur eine begrenzte Anzahl von Eingangssignalen.
Zur Erfassung aller Bedienelemente werden sie entsprechend
den Angaben in der Steuerdatenliste mehrmals nacheinander mit
neuen Eingangsdaten aufgerufen. Bei der Tastenabfrage können
durch Verwendung eines 16 bit-Mikrorechners die Tasten zu
Gruppen von je 16 Stück zusammengefaßt werden. Dieses Verfahren wird bei Anschluß der Tasten als Einzelsignale angewendet. Die Abfrageroutine erfaßt eine Tastengruppe pro Aufruf (Durchlauf). Kippschalter können wie Tasten behandelt werden; beide besitzen zwei Ausgangszustände. Bei der Drehschalterabfrage wird jeweils ein Drehschalter pro Aufruf erfaßt.

Bild 4.10 zeigt Beispiele von Bedienelementekennungen, die
von Abfrageroutinen übergeben werden. Die Formate sind so gewählt, daß sie für übliche Anzahlen der Bedienelemente ausreichen.

Kennungsformat für Tasten und Kippschalter

	MSB		Datenwort (16 bit)			
Bitnummer:	15	12			3	0
	Code für Taste	D	Tastengruppennummer (0...255)		Tastennummer (0...15)	

D = 0 : Taste nicht betätigt
D = 1 : Taste betätigt

Kennungsformat für Drehschalter

	MSB			
Bitnummer:	15	12	7	0
	Code für Drehschalter	Drehschalternummer (0...31)	Drehschalterzustand (0...255)	

MSB: höchstwertiges Bit (most significant bit)

Bild 4.10: Bedienelementekennungen

Die zur Erfassung von Bedienoperationen mit den oben erläuterten, anpaßbaren Standardprogrammen notwendigen Steuerdaten
sind im Bild 4.11 für Tasten und Drehschalter aufgeführt.

Tasten, Kippschalter	Drehschalter
- Anzahl der Gruppen	- Anzahl der Drehschalter
für jede Gruppe:	**für jeden Drehschalter**
- Gruppennummer	- Nummer
- Hardwareadresse	- Hardwareadresse
- Anzahl der Bedienelemente	- Anzahl der Ausgangssignale
- Ruhezustand jedes Bedienelements	- Anfangszustand

Bild 4.11: Steuerdaten für die Erfassung von Bedienoperationen

Um Bedienelemente zu erfassen, für die in der Basissoftware
keine Abfrageroutine enthalten ist, muß eine entsprechende
Routine vom Entwickler des anwendungsspezifischen Bediensystems selbst erstellt werden. Ihr Aufruf ist in den Steuerdaten zu vereinbaren.

Durch die konsequente Trennung von Steuerteil und bedienele-
mentespezifischen Teilen sowie durch einfache Schnittstellen
wird eine gute Anpaßbarkeit an Bedientafeln mit unterschiedlicher Art und Anzahl von Bedienelementen erreicht.

4.2.2.2 Bearbeitung der Bedienoperationen

Die Bearbeitung der Bedienoperationen umfaßt deren Verknüpfung und die Erzeugung von Meldungen an den Steuerungskern.
Diese Funktionen werden in einer Task durchgeführt, die zeitlich von der Erfassung der Bedienoperationen entkoppelt ist
(vgl. Abschnitt 4.2.2.1).

Die Bearbeitungstask kann in folgende Teile gegliedert werden:
- Steuerteil: Aufruf der Bearbeitungsroutinen mit Übergabe
  der Steuerdaten;
- Bearbeitungsroutinen: Verknüpfung der Bedienoperationen und
  Erzeugung von Meldungen an den Steuerungskern.
Bild 4.12 stellt diese Struktur dar.

Die Bearbeitung der Bedienoperationen geschieht folgender-
maßen:
- die vorderste Kennung wird aus dem FIFO-Speicher geholt;
- aus der Kennung wird die Adresse des Steuerdatenblocks errechnet, der zum betreffenden Bedienelement gehört; zu jedem Bedienelement gehört ein Steuerdatenblock;
- der Steuerdatenblock enthält die Startadresse der Bearbei-
  tungsroutine; diese wird aufgerufen und erhält die restlichen Steuerdaten.

Die Bearbeitungstask wird von der Erfassungstask aktiviert.
Sie passiviert sich selbständig, wenn der FIFO-Speicher ge-
leert ist.

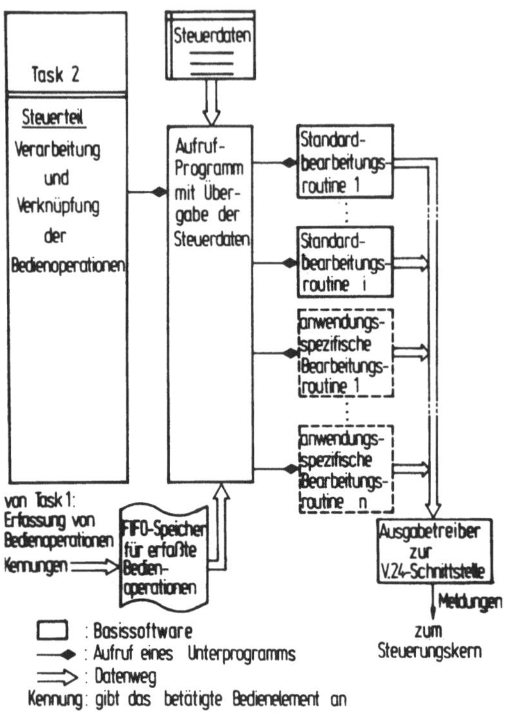

Bild 4.12: Task zur Bearbeitung der Bedienoperationen

Es sind zwei Wege für die anwendungsbezogene Anpassung vorgesehen: erstens durch anwendungsspezifische Steuerdaten für
die anpaßbaren Standardbearbeitungsroutinen und durch beliebige Zuordnung dieser Routinen zu den einzelnen Bedienelementen, sowie zweitens durch Zuordnung von anwendungsspezifischen Routinen mit zugeschnittenen Steuerdaten, wenn die
Funktionen der Standardroutinen nicht ausreichen.

Bearbeitungsroutinen sollten jeweils nur eine abgeschlossene
Einzelfunktion, zum Beispiel die Erstellung einer Meldung ausführen.

Das Prinzip der Zuordnung von Funktionen zu Bedienelementen
mittels Steuerdaten eröffnet die Möglichkeit, diese Funktionen
dynamisch zu ändern. Die Steuerdatenblöcke der einzelnen Bedienelemente sind hierzu auszutauschen und müssen deshalb im
Schreib-/Lesespeicher (RAM) des Bedienfeldsteuerwerks abgelegt sein. Damit lassen sich sehr einfach Softkeys, also Tasten deren momentane Funktion von der Software bestimmt und
auf dem Bildschirm des Bedienfelds angezeigt wird, verwirklichen. Bild 4.13 zeigt die Steuerdaten zu einigen anpaßbaren
Bearbeitungsroutinen.

Funktion	zugehörige Steuerdaten
Meldungserzeugung bei gedrückter Taste	- Programmanfangsadresse - Adresse der Meldungskopfzeichen - Meldungskopfzeichen (ASCII)
Meldungserzeugung bei gedrückter/losgelassener Taste (auch für Kippschalter verwendbar)	- Programmanfangsadresse - Adresse der Meldungskopfzeichen - Meldungskopfzeichen (ASCII) - Unterscheidungszeichen für gedrückt und für losgelassen
Übergabe von Zeichen	- Programmanfangsadresse - zu übergebendes Zeichen
Meldungserzeugung bei Drehschalterbetätigung	- Programmanfangsadresse - Adresse der Meldungskopfzeichen - Meldungskopfzeichen (ASCII) - Adresse der Zuordnungstabelle: Drehschalterstellung zu Meldungsnutzzeichen

Bild 4.13: Steuerdaten zu anpaßbaren Bearbeitungsroutinen

Da zu jedem Bedienelement ein Steuerdatenblock gehört, ergibt
sich die in Bild 4.14 dargestellte Steuerdatenliste.

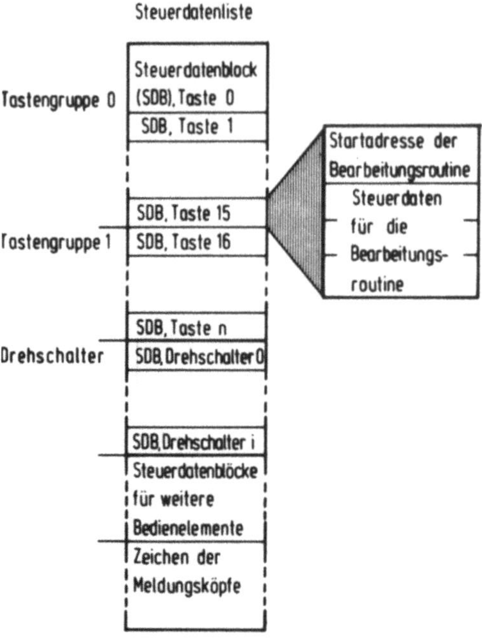

Bild 4.14: Steuerdatenliste für die Bearbeitung von Bedienoperationen

Um den Datenaustausch zwischen Bedienfeld und Steuerungskern
zu minimieren, sollen die Bedienoperationen soweit möglich im
Bedienfeld vorverarbeitet werden. Als Beispiel sei die Edi-
tierfunktion genannt. NC-Programme können im Bedienfeld ohne
Mitwirkung des Steuerungskerns aus eingegebenen Zeichen zusammengesetzt und in Form von Datenblöcken zum Steuerungskern
übertragen werden.

In den Betriebsarten Hand/Einrichten und Automatik sind aus
einzelnen Eingaben die Kommandos an den Steuerungskern zusam-

menzustellen (vgl. Abschnitt 4.2.1). Dabei müssen die Eingaben einzeln durch Anzeigen quittiert werden, wenn sie mittels
Tasten durchgeführt werden.

Ein geeignetes Verfahren zur Verknüpfung von Bedienoperationen, als zeitlich aufeinanderfolgende Ereignisse, ist die Methode der Zustandsprogrammierung /44, 45/.

Für die Verarbeitung von Bedienoperationen in diesen beiden
Betriebsarten ist auch ein anderes Verfahren denkbar: im Bedienfeld wird bei jeder Bedienoperation direkt eine Meldung
erzeugt. Im Funktionsblock BSEA des Steuerungskerns ist aus
den Meldungen ein Speicherabbild des Bedienzustands zu erstellen. Die Ablaufsteuerung verarbeitet dieses Speicherabbild,
um daraus Steuerungsfunktionen zu aktivieren. Dieses Verfahren verlagert die Verknüpfungsoperationen in den Steuerungskern; es ist deshalb nur dann sinnvoll, wenn dieser anwendungsspezifisch erstellt wird.

4.2.2.3 <u>Verarbeitung der vom Steuerungskern gesendeten Daten</u>

Alle im Bedienfeld benötigten Daten werden vom Steuerungskern
in Form von Meldungen zum Bedienfeldsteuerwerk übertragen. Die
Zeichen der Meldungen werden in der Reihenfolge ihres Eintreffens vom V.24-Treiber (vgl. Abschnitt 3.4) zur weiteren Verarbeitung in eine Warteschlange eingetragen. Die Hauptaufgabe
der Task zur Verarbeitung der Meldungen ist die Ausgabe der
Nutzzeichen auf Anzeigeeinheiten, die Übergabe an andere Tasks
und die Aktivierung/Passivierung von Tasks. Da die Meldungen
zu beliebigen Zeitpunkten eintreffen, muß die verarbeitende
Task zyklisch ausgeführt oder immer dann aktiviert werden,
wenn eine vollständige Meldung vorhanden ist. Diese Aktivierung kann der zum Betriebssystem gehörende V.24-Treiber übernehmen. In Bild 4.15 wird der funktionale Ablauf bei zykli-
scher Ausführung der Task dargestellt.

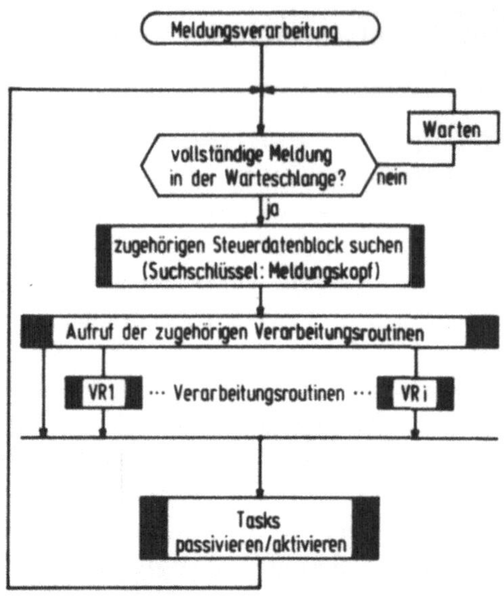

Bild 4.15: Verarbeitung von Meldungen

Die Meldungen werden in der Reihenfolge ihres Eintreffens einzeln der Warteschlange (FIFO) entnommen und verarbeitet.

Um eine möglichst gute Flexibilität zu erzielen ist die Task in einzelne Programme aufzuteilen:

- Steuerteil: Aufruf der standardisierten Dienstprogramme mit den folgenden Aufgaben;
- Identifizieren der Meldungen anhand des Meldungskopfs, Suchen des zur Meldung gehörenden Steuerdatenblocks für die Verarbeitung;
- Auswertung der Steuerdaten und Aufruf von Verarbeitungsroutinen;
- Aktivierung und Passivierung von Tasks entsprechend den Steuerdaten.

Kriterium für den Funktionsumfang der Basissoftware innerhalb
einer Task und deren Schnittstelleneigenschaften ist die An-
wenderfreundlichkeit und damit die Minimierung der Funktionen, die in den anwendungsspezifischen Routinen auszuführen
sind. Bild 4.16 zeigt die resultierende Struktur bei der Task
für die Meldungsverarbeitung.

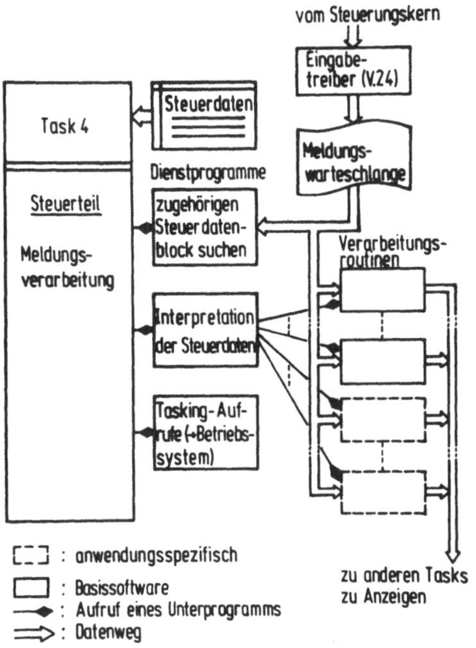

Bild 4.16: Struktur der Task zur Meldungsverarbeitung

Durch Austausch einzelner Dienstprogramme kann eine teilweise
Veränderung der Meldungsverarbeitung bewirkt werden. Üblicherweise wird die anwendungsbezogene Anpassung jedoch auf folgende zwei Arten durchgeführt:
- durch Erstellung anwendungsspezifischer Steuerdaten zu den
  anpaßbaren Standardverarbeitungsroutinen und beliebige Zuordnung dieser Routinen zu den Meldungen, und durch

- Erstellung von anwendungsspezifischen Verarbeitungsroutinen
  mit den zugehörigen Steuerdaten und deren Zuordnung zu den
  Meldungen.

Zu jedem Meldungskopf gehört ein Steuerdatenblock, der die gewünschte Verarbeitung beschreibt (Bild 4.17).

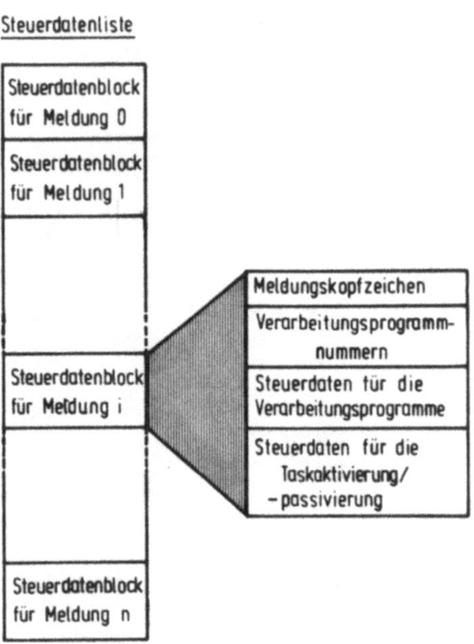

<u>Bild 4.17</u>: Steuerdatenliste für die Meldungsverarbeitung

Beim Aufsuchen des zur eingetroffenen Meldung gehörenden
Steuerdatenblocks führt das zuständige Programm ein sequen-
tielles Suchverfahren durch; es vergleicht den Kopf der Meldung in der Empfangswarteschlange mit den Meldungsköpfen in
den Steuerdatenblöcken, immer beginnend beim ersten Block.
Der Meldungskopf stellt also den Suchschlüssel dar. Bild 4.18
veranschaulicht das Suchverfahren.

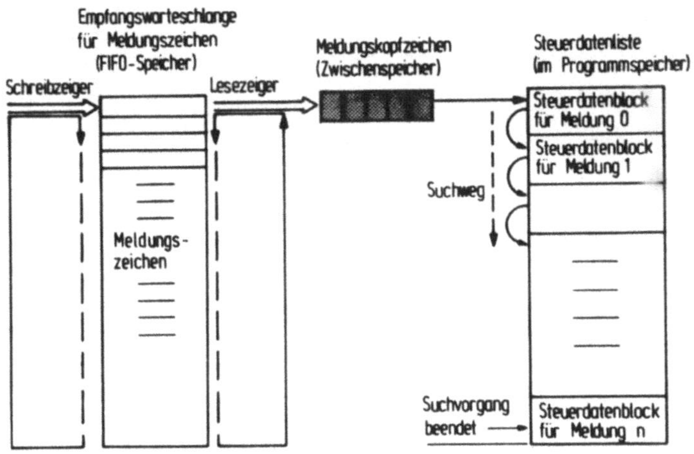

Bild 4.18: Suchverfahren für die Steuerdatenblöcke

Um das sequentielle Suchverfahren zu vereinfachen und damit eine geringere Laufzeit des Suchprogramms zu erreichen, wird mit konstanter Blocklänge gearbeitet. Eine weitere Verkürzung der Suchzeit bei diesem Verfahren kann durch Anordnung der Steuerdatenblöcke entsprechend der Häufigkeit der zugehörigen Meldung erreicht werden. Dies soll im folgenden bewiesen werden.

Berechnung der Anzahl der Suchschritte

Die mittlere Anzahl der Suchschritte Z_m ist die Gesamtzahl der Suchschritte für alle Schlüssel dividiert durch die Anzahl n der Schlüssel:

$$Z_m = \frac{1}{n} \sum_{i=1}^{n} i = \frac{n+1}{2} \tag{4.1}$$

Dies gilt jedoch nur, wenn alle Schlüssel gleich häufig gesucht werden. Mit p_i als Suchhäufigkeit bezogen auf die Anzahl n der Schlüssel ergibt sich:

$$Z_m = 1 \cdot p_1 + \ldots + k \cdot p_k + \ldots + 1 \cdot p_1 + \ldots + n \cdot p_n$$

$$= \sum_{i=1}^{n} i \cdot p_i \tag{4.2}$$

Im folgenden soll die Anordnung der Schlüssel mit den Indizes k und l vertauscht werden. Es ergibt sich:

$$Z_m' = 1 \cdot p_1 + \ldots + k \cdot p_1 + \ldots + l \cdot p_k + \ldots + n \cdot p_n$$

Gilt Z_m bei der besseren Anordnung, also

$$Z_m < Z_m'$$

dann muß gelten

$$k \cdot p_k + l \cdot p_1 < k \cdot p_1 + l \cdot p_k$$

oder $\qquad (l-k) \cdot p_k - (l-k) \cdot p_1 > 0$

also $\qquad p_k - p_1 > 0$

oder $\qquad p_k > p_1$

Die Steuerdatenblöcke der häufigen Meldungen sind demnach am Anfang der Steuerdatenliste anzuordnen. Bei zwei Gruppen von Meldungen mit jeweils gleicher Häufigkeit, also

$$p_i = p \qquad \text{für } i = 1,2,\ldots\ldots,m$$

$$p_i = p \cdot v \qquad \text{für } i = m+1, m+2,\ldots,n; \ v = \text{Konstante}$$

gilt nach /46/:

$$Z_m = \frac{n(n+1)}{2} \cdot v \cdot p + \frac{m(m+1)}{2} \cdot (1-v) \cdot p \qquad (4.3)$$

$$p = \frac{1}{m + (n-m) \cdot v} \qquad (4.4)$$

Für Beispielwerte, die eine reale Häufigkeitsverteilung in Bediensystemen annähern, wird die mittlere Anzahl der Suchschritte im folgenden für zwei unterschiedliche Anordnungen der Steuerdatenblöcke errechnet:

Anordnung 1: Steuerdatenblöcke der Meldungen mit der größeren Suchhäufigkeit am Anfang der Steuerdatenliste $(v < 1)$

Anordnung 2: Steuerdatenblöcke der Meldungen mit der größeren Suchhäufigkeit am Ende der Steuerdatenliste $(v > 1)$.

Mit den Werten

$$n = 30, \ m = \frac{n}{2}, \ v_1 = \frac{1}{5}, \ v_2 = 5$$

ergibt sich aufgrund der Gleichungen (4.3) und (4.4) für die Anordnung 1: $Z_{m1} = 10{,}5$ und für die Anordnung 2: $Z_{m2} = 20{,}5$.

Es ist somit sinnvoll, die Steuerdatenblöcke der häufigsten
Meldungen am Anfang der Steuerdatenliste anzuordnen; abhängig
von der Häufigkeitsverteilung kann auf diese Weise erheblich
Rechenzeit gespart werden.
In den nachfolgenden Dienstprogrammen gemäß Bild 4.16 werden
die Steuerdaten aus dem gefundenen Block ausgewertet. Zunächst
werden die Verarbeitungsprogramme aufgerufen und die zugehörigen Steuerdaten übergeben. Eine der Verarbeitungsaufgaben ist
zum Beispiel die Aktualisierung der Daten auf der Anzeigeein-
heit. Die hierfür benötigten Steuerdaten sind:
- Zieladresse auf der Anzeige in Abhängigkeit von der Betriebsart;
- Gesamtzahl der anzuzeigenden Zeichen;
- Darstellung des Werts.
Daran anschließend werden die in den Steuerdaten angebenen
Tasks passiviert oder aktiviert. Hierfür sind die entspre-
chenden Betriebssystemfunktionen aufzurufen. Am Ende der Verarbeitung wird der Lesezeiger des Zeichenempfangsspeichers
auf das erste Zeichen der folgenden Meldung positioniert.

Die Meldungsverarbeitung kann als Verkehrssystem im Sinne der
Nachrichtenverkehrstheorie /47/ betrachtet werden. Aus der Gerätekonfiguration des Bediensystems und der Bearbeitungsstra-
tegie in den Programmen der Meldungsverarbeitung erhält man das
Strukturmodell nach Bild 4.19.

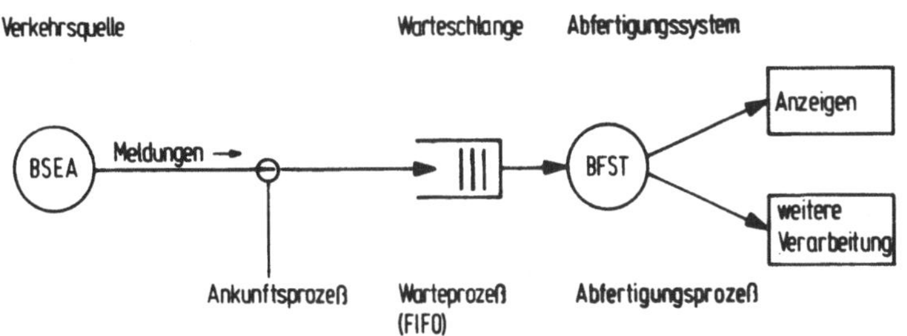

Bild 4.19: Strukturmodell der Meldungsverarbeitung

Da die Meldungen im allgemeinen in ihrer Ankunftsreihenfolge
bearbeitet werden müssen, ist als Warteschlangenorganisation
das FIFO-Prinzip zu wählen. Die Größe der Warteschlange ist
so zu bemessen, daß kein Oberlauf auftritt, da sonst Meldungen
verstümmelt werden oder verloren gehen. Bestimmende Größen
sind dabei der Ankunftsprozeß der Meldungen und der Abferti-
gungsprozeß. Da beide mathematisch nur schwierig zu erfassen
sind, scheidet eine rechnerische Dimensionierung der Warteschlange aus. Ein praktikables Verfahren jedoch ist die ex-
perimentelle Erfassung des Warteschlangenfüllstands und die
Ermittlung des Maximalwerts. Dies kann durch ein Programm im
Bedienfeldsteuerwerk während der Entwicklungsphase erfolgen.

Maßnahmen zur Reduzierung der Warteschlange sind die Erhöhung
der Priorität der Task zur Meldungsverarbeitung und die Aus-
lagerung anwendungsspezifischer Verarbeitungsfunktionen in
andere Tasks des Bedienfeldsteuerwerks. Soll dabei die Reihenfolge der Bearbeitung der Meldungen erhalten bleiben, so sind
ergänzende Maßnahmen für die Koordinierung der Tasks zu er-
greifen.

4.2.3 Softwarestruktur im Funktionsblock Bedien- und Steuer-
daten ein-/ausgabe

Der Funktionsblock BSEA stellt als Bestandteil des Steuerungs-
kerns das Bindeglied zwischen dem Bedienfeld und den anderen
Funktionsblöcken der Steuerung (ZST, NCVA, GEO, SPS) dar (vgl.
Bild 2.4). Seine Aufgaben sind entsprechend den Bildern 3.1
und 4.4:
- Sammeln und Verdichten von aktuellen Daten des Steuerungs-
  kerns; periodischer Transfer dieser Daten zum Bedienfeld;
- Transfer von Daten zum Bedienfeld auf dessen Anforderung;
- Verarbeitung und Weiterleitung der Befehle und Daten vom
  Bedienfeld zu den Funktionsblöcken des Steuerungskerns.
Daraus wird die in Bild 4.20 gezeigte funktionale Gliederung
der Software abgeleitet.

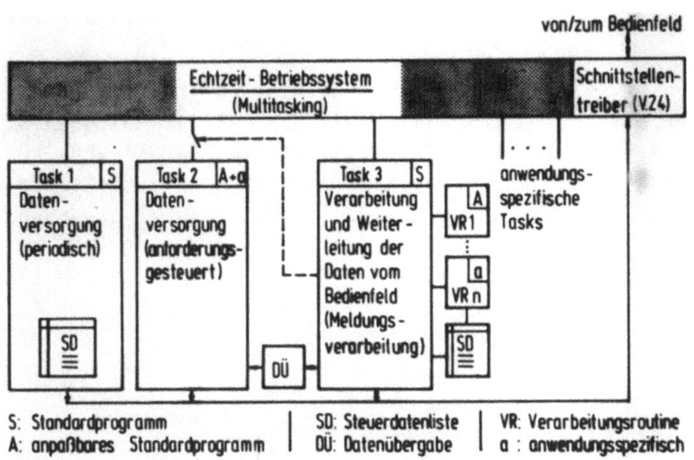

Bild 4.20: Funktionale Gliederung der Software im Funktionsblock BSEA

4.2.3.1 Datenversorgung des Bedienfelds

Die vom Bedienfeld benötigten Daten dienen einerseits der
Information des Bedieners, andererseits der Steuerung interner
Abläufe im Bedienfeldsteuerwerk. Es kann zwischen periodisch
benötigten und angeforderten Daten unterschieden werden. Entsprechend dieser Unterscheidung wird die Software in zwei
Teile gegliedert (vgl. Bild 4.20). Im Gegensatz zur Task 1
(periodische Datenversorgung), die zyklisch abläuft, wird die
Task 2 (angeforderter Datentransfer) nur auf Anforderung hin
aktiviert.

Den Hauptanteil des Datenflusses zum Bedienfeld machen die
periodischen Transfers zur Aktualisierung der Anzeigen aus.
Um eine möglichst geringe Auffrischzeit zu erreichen, können
folgende Verfahren zur Optimierung der Datenversorgung angewandt werden:
- nur diejenigen Daten übertragen, die im momentanen Betriebszustand angezeigt werden müssen;

- Daten nur dann übertragen, wenn sie sich verändert haben.

Der Aufbau eines anpaßbaren Standardprogramms, das diese Funktionen erfüllt, ist in Bild 4.21 dargestellt. Mit den Steuerdaten werden die Anpassungsmöglichkeiten beschrieben. Durch die Vorgabe der Meldungsreihenfolge können die einzelnen Daten mit unterschiedlicher Auffrischzeit angezeigt werden.

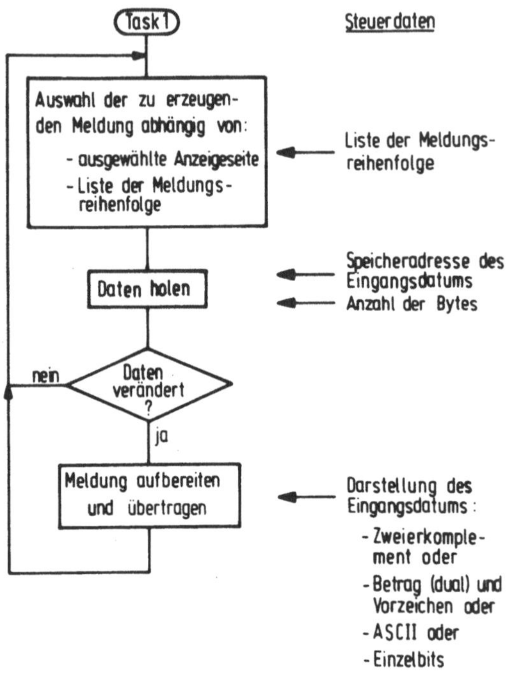

<u>Bild 4.21</u>: Anpaßbares Standardprogramm für die periodische Datenversorgung des Bedienfelds

Eine weitere Optimierung des Datenflusses läßt sich dadurch erreichen, daß bei Werten, die konstante Differenzen aufweisen (zum Beispiel Absolut- und Relativwerte), nur einer übertragen wird und zusätzlich die Differenzen, wenn sie sich verändert haben. Die restlichen Werte können daraus im Bedienfeldsteuerwerk errechnet werden.

Die Datenübertragung auf Anforderung (Task 2) wird im wesentlichen für die Korrektur der NC-Daten (NC-Programme, Parameter, Werkzeugdaten) benötigt. Dabei erfolgen Zugriffe auf den NC-Datenspeicher, die abhängig sind von dessen Struktur und von der Art des NC-Programmierverfahrens. Bei gleichbleibender Speicherstruktur kann diese Zugriffsfunktion und damit ein Teil der Task standardisiert werden. Für Zugriffe auf weitere Daten des Steuerungskerns muß eine zugeschnittene Erweiterung durchgeführt werden.

4.2.3.2 Verarbeitung und Verteilung der Daten vom Bedienfeld

Die zu bearbeitenden Daten können nach den drei Hauptbetriebsarten der Steuerung eingeteilt werden in Handbedienbefehle, Befehle zur Beeinflussung des Automatikbetriebs und NC-Daten. Alle diese Daten und Befehle werden in Form von Meldungen übertragen (vgl. Abschnitt 4.2.1).

Nach Abschnitt 4.2.2.2 werden im Bedienfeldsteuerwerk entweder mehrere Bedienoperationen zu vollständigen Befehlen verknüpft oder einzeln dem Steuerungskern gemeldet, um dort ein Speicherabbild des wirksamen Bedienzustands zu erzeugen. Bild 4.22 stellt die Weiterverarbeitung für beide Verfahren gegenüber. Bei beiden Verfahren werden die Bedienbefehle der Ablaufsteuerung zur Weiterverarbeitung übergeben.

Die Datenschnittstelle zwischen dem Funktionsblock BSEA und den anderen Funktionsblöcken ist abhängig von deren Schnittstellen und von deren Anwendung. Deshalb müssen die Programme des BSEA zur Versorgung dieser Schnittstelle anpaßbar sein (vgl. Abschnitt 2.3).

Die Task zur Meldungsverarbeitung besteht daher - wie im Bedienfeldsteuerwerk (vgl. Abschnitt 4.2.2.3) - aus Standard-

programmen, anpaßbaren Standardprogrammen (Verarbeitungsroutinen) sowie anwendungsspezifischen Verarbeitungsroutinen;
die Standardprogramme sind identisch. Der funktionale Ablauf
der Meldungsverarbeitung wurde bereits im Bild 4.15 dargestellt.

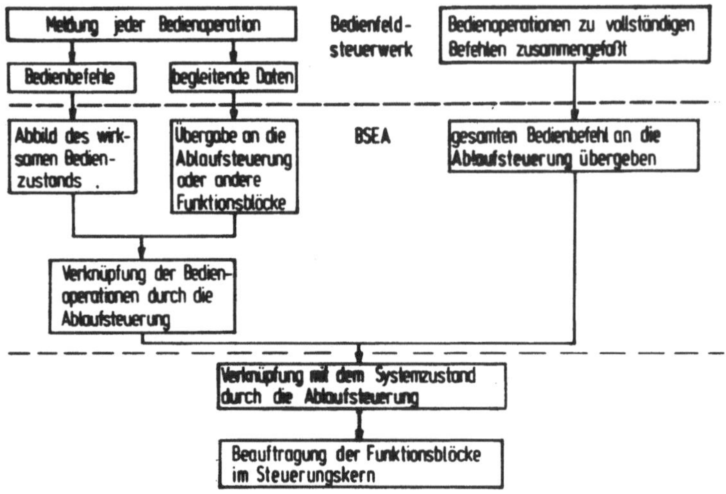

Bild 4.22: Verarbeitung der Bedienbefehle im BSEA

Die Verarbeitungsroutinen versorgen die Schnittstelle zu den
anderen Funktionsblöcken und die BSEA-Tasks mit Daten. Für
den Datentransfer können standardisierte Routinen entwickelt
werden. Es werden im wesentlichen folgende Funktionen be-
nötigt:
- Setzen, Löschen und Invertieren von Einzelbits;
- Setzen und Löschen von Bitgruppen;
- Transfer von Werten in Form von ASCII-Zeichenfolgen;
- Wandlung von Werten mit ASCII-Darstellung in Dualcode,
  Transfer des Ergebnisses;
- Transfer von Daten in den NC-Datenspeicher.

Die Zieladressen für die Datentransfers werden durch Steuerdaten beschrieben, die von den standardisierten Verarbeitungsroutinen interpretiert werden. Durch dieses Verfahren und das
Hinzufügen von anwendungsspezifischen Verarbeitungsroutinen,
deren Aufruf in den Steuerdaten vereinbart werden kann, ist
die Datenversorgung unterschiedlicher Schnittstellen möglich.
Damit wird die Forderung von Abschnitt 2.3 erfüllt.

Da während der Ausführung einer Funktion der Meldungsverarbeitung jedoch keine neue Meldung verarbeitet werden kann
(vgl. Bild 4.14), können hier keine periodischen Funktionen
oder Datentransfers zu langsamen Peripheriegeräten durchgeführt werden. Diese Funktionen müssen von parallel laufenden
Tasks oder von interruptgesteuerten Treibern übernommen werden, die von der Meldungsverarbeitung mit Daten versorgt und
aktiviert werden.

5 Verfahren zur rationellen Erstellung von Bediensoftware

Die Erstellung der Software für Bediensysteme von numerischen
Steuerungen geschieht heute noch häufig intuitiv und nicht
nach systematischen Verfahren. Dabei wird zunächst das Bedienproblem analysiert und in Teilfunktionen gegliedert. Anschließend wird die Software in maschinenorientierter Programmiersprache (Assemblersprache) von Grund auf, zugeschnitten auf die vorliegende Aufgabenstellung, entwickelt. Die
zugeschnittene Entwicklung ist jedoch nur dann wirtschaft-
lich, wenn lediglich ein einziges Bediensystem entwickelt
werden muß.

Aus der Analyse der Entwicklungsphasen ergibt sich der erste
Ansatzpunkt für die Rationalisierungsbemühungen bei der Erstellung der Programme selbst.

5.1 Einsatz wiederverwendbarer Programme

Wie in Abschnitt 4 dargestellt wurde, gibt es Programmfunktionen, die in jedem Bediensystem identisch oder mit gering-
fügigen Modifikationen benötigt werden. Für diese Funktionen
können einmal anwendungsunabhängige Programme erstellt und
dann unverändert für weitere Anwendungen verwendet werden.

Voraussetzungen für diese Wiederverwendbarkeit von Programmen
für Bediensysteme sind neben den in Abschnitt 4 genannten
Eigenschaften der Software:
- der Einsatz eines einheitlichen Hardwarekonzepts (Mikrorechner und Ansteuerschaltungen) für die Erstellung der
  Bediensysteme;
- die Anwendung von Mikroprozessoren mit kompatiblem Befehls-
  satz, wenn die wiederverwendbaren Programme in einer Assemblersprache geschrieben sind. Durch Einsatz einer höheren
  Programmiersprache wird eine verbesserte Portabilität der
  Programme erreicht.

Um die Wiederverwendbarkeit von möglichst vielen Programmen
zu erreichen, müssen bei ihrer Entwicklung zukünftige Anwendungen vorausgedacht und berücksichtigt werden. Außerdem muß
die Variation der Programmfunktionen durch Interpretation von
anwendungsspezifischen Steuerdaten erreicht werden (Anpaßbarkeit). Dazu sind bei der Entwicklung anpaßbarer Programme die
Variationsmöglichkeiten der Funktionen zu untersuchen, die
dafür benötigte Steuerdatenstruktur zu erstellen und deren
Interpretation im Programm durchzuführen.

Durch die Entwicklung solcher Programme entsteht beim ersten
zu realisierenden Bediensystem ein größerer Entwicklungsauf-
wand gegenüber dem herkömmlichen Verfahren (vgl. Bild 5.2).
Dieser erhöhte Grundaufwand zahlt sich jedoch bei den Folge-
entwicklungen aus, da er zu einem Bestand an wiederverwendbarer Basissoftware führt. Die Zerlegung des Bedienproblems
in Teilfunktionen erfolgt nach einem Schema, das durch die
Funktionen und die Struktur der vorhandenen Basissoftware
gegeben ist. Zielsetzung dabei ist, daß möglichst viele der
benötigten Funktionen von der Basissoftware übernommen werden
können. Der Umfang der Softwareentwicklung wird dadurch gegenüber dem intuitiven Verfahren (vgl. Seite 72 oben) gesenkt.
Außerdem sind keine grundsätzlichen Fehler mehr zu befürchten,
die wiederverwendbare Software ist funktionsfähig und ausge-
testet, so daß sich der Entwickler voll auf die anwendungsspezifischen Aufgaben konzentrieren kann. Dieses Verfahren,
das den ersten Schritt zur rationellen Erstellung von Bediensoftware darstellt, ist in Bild 5.1 gezeigt.

Neben der Reduzierung des Entwicklungsaufwands ist eine entscheidende Konsequenz dieses Verfahrens die Verlagerung der
Aufgaben von der Programmierung in die Erstellung von anwen-
dungsbezogenen Steuerdaten. Je mehr Funktionen von anpaßbaren
Basisprogrammen übernommen werden, desto mehr reduziert sich
die Programmiertätigkeit zugunsten der formalisierbaren Erstellung von Steuerdaten.

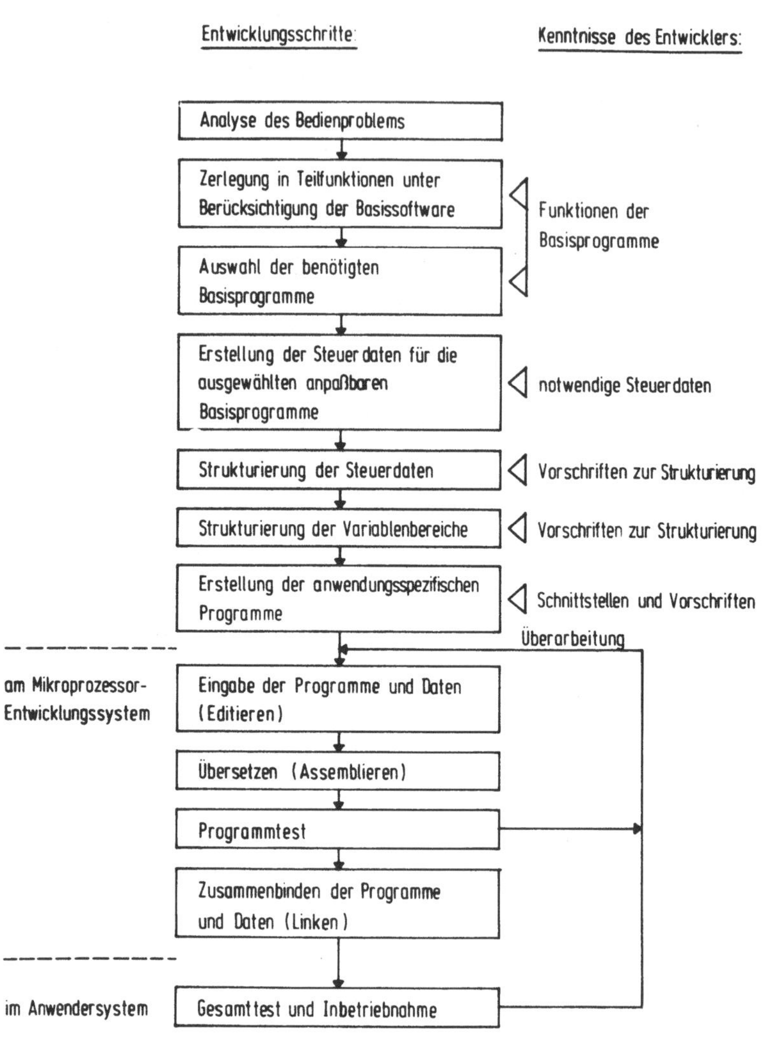

Bild 5.1: Erstellung von Bediensoftware auf der Basis wiederverwendbarer Programme

Die Vorteile dieses Verfahrens erstrecken sich auch auf die
Weiterentwicklung der Software; aufgrund der einheitlichen
Grundstruktur ist die Einarbeitung von Wartungspersonal und
neuen Entwicklern in verschiedenartige Bediensysteme weniger
aufwendig. Außerdem sind durch die Darstellung von Funktionen
durch Steuerdaten diese einfacher nachvollziehbar.

Eine weitere Beschleunigung des Entwicklungsvorgangs ist durch
die Anwendung höherer Programmiersprachen für die Erstellung
der anwendungsspezifischen Programme erreichbar.

5.2 Rechnerunterstützte Erstellung von Bediensoftware

5.2.1 Zielsetzung des Rechnereinsatzes

Die Analyse des Entwicklungsablaufs nach Bild 5.1 zeigt Aufgaben, für die der Entwickler ein umfassendes Wissen über
die Struktur, die Funktionen und die Vorschriften zur Anwendung der Basissoftware sowie zur Strukturierung der Steuerdaten und Variablenbereiche benötigt.

Die Strukturierung erfolgt nach Vorschriften, die durch die
Realisierung jedes einzelnen Programms der Basissoftware gegeben sind. Diese Aufgabe erfordert nicht die kreative Intel-
ligenz eines qualifizierten Entwicklers, sondern ist formali-
sierbar, und kann deshalb von einem Rechnerprogramm durchgeführt werden.

Der Rechner kann in einem problemorientierten Dialog vom Entwickler die gewünschten Funktionen der Bediensoftware sowie
die jeweils zugehörigen anwendungsspezifischen Daten erfragen
und in die benötigten Ausgangsdaten (Steuerdatenliste, Variablenliste, Liste der benötigten Standardprogramme) umsetzen.
Es ergibt sich ein gegenüber Bild 5.1 (Entwicklungsverfahren
ohne Rechnerunterstützung), erheblich veränderter Entwick-
lungsablauf.

Durch die Einbeziehung der Funktionen "Darstellung der Grundstruktur der Basissoftware", "Darstellung der Vorschriften für die Erstellung von anwendungsspezifischen Programmen" sowie "Darstellung der eingegebenen Bedienfunktionen" entsteht ein umfassendes rechnerunterstütztes Entwurfssystem. Der Einsatz eines solchen Systems fördert die Anwendung der Basissoftware zunächst dadurch, daß eine zeitaufwendige Einarbeitung nicht mehr erforderlich ist. Der Anwender muß sich lediglich Grundkenntnisse über die Struktur und die Funktionsweise der Basissoftware aneignen. Die Entwicklungsdauer verkürzt sich erheblich, da dem Entwickler viel Routinearbeit abgenommen wird und die vom Rechner erstellten Daten fehlerfrei sind. Letzteres führt zusätzlich zu einer verkürzten Testphase. Weiterhin sind Funktionsänderungen einfacher zu verwirklichen, da der Rechner sämtliche Auswirkungen in der gesamten Software berücksichtigt; ohne Rechnerunterstützung sind unvollständig durchgeführte Änderungen eine häufige Fehlerquelle.

Bild 5.2 gibt einen vergleichenden Überblick über die Entwicklungsschritte bei den untersuchten Entwurfsverfahren und verdeutlicht die erzielte Rationalisierung der Softwareentwicklung.

5.2.2 Die Arbeitsweise mit dem Entwurfssystem

Nach Bild 5.2 verbleibt dem Entwickler die Aufgabe, das Bedienproblem zu analysieren und die gewünschten Bediensystemeigenschaften in den Rechner einzugeben. Bei der Beschreibung dieser Eigenschaften ist eine Unterteilung in Funktionen und Schnittstellen sinnvoll. Die Schnittstellen sind durch den Aufbau der Ansteuerschaltungen zur Bedientafel, durch den Aufbau der Meldungen und durch die Funktionsblöcke des Steuerungskerns gegeben. Bild 5.3 zeigt die zu beschreibenden Bestandteile des Bediensystems.

Als Beschreibungsform für die Bedienung eignet sich die Angabe der Funktionen für jedes einzelne Bedienelement. Bei den

Anzeigefunktionen zum Beispiel eines Bildschirms ist es sinnvoll, für jede anzuzeigende Information die Datenquelle, die Zieladresse (auf dem Bildschirm), die Darstellung und den Betriebszustand, in dem sie anzuzeigen ist, anzugeben.

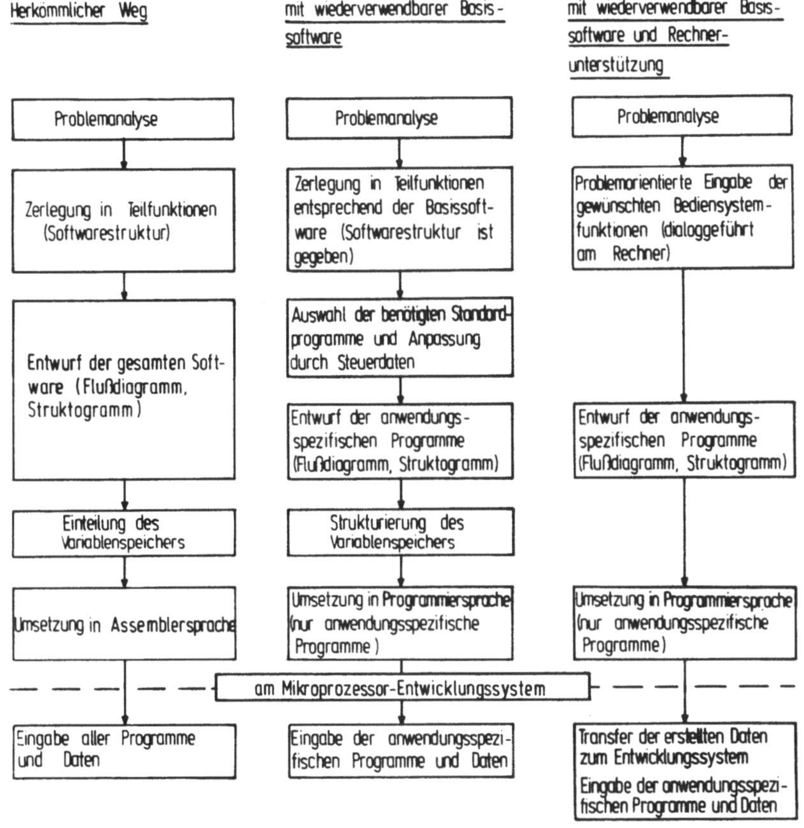

Bild 5.2: Rationalisierung der Entwicklung von Bediensoftware

Die Dateneingabe geschieht zweckmäßigerweise interaktiv an einem Bildschirmterminal des Rechners. Es muß sichergestellt werden, daß der Entwickler alle vom Entwurfssystem benötigten

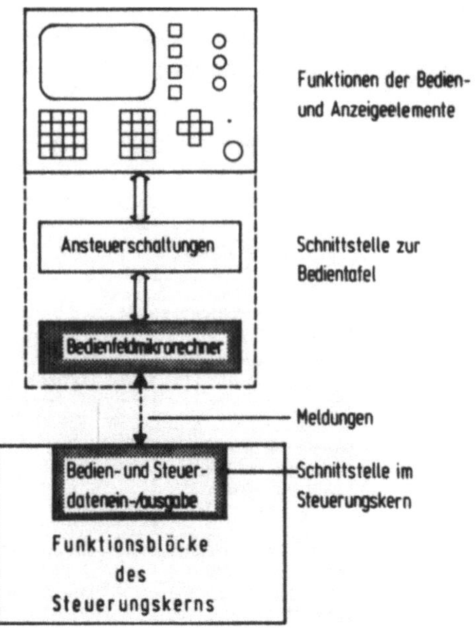

Bild 5.3: Bescbreibung der Bestandteile eines Bediensystems

Daten eingibt. Dazu ist die Anwendung der Abfragetechnik geeignet. Bei der Eingabe der Funktionen (zum Beispiel Tastenfunktionen) hingegen wird vom Entwurfssystem ein Menü angeboten, das alle Funktionen der Basissoftware darstellt. Nach erfolgter Auswahl einer Funktion werden jeweils die zugehörigen Daten abgefragt. Die Art der einzugebenden Daten soll sich an der Denkweise des Entwicklers orientieren. Dies vermindert die Dauer und die Fehlerrate der Eingabe.

Da dem Entwickler im Funktionsmenü nur solche Funktionen angeboten werden, die von der Basissoftware ausgeführt werden können, erkennt er, für welche Funktionen anwendungsspezifische Programme benötigt werden. Zur Erstellung dieser Programme benötigt er Informationen über die Vorschriften hierfür und über die Schnittstellen zur Basissoftware. Diese Informationen muß ihm der Rechner in direkt anwendbarer Form geben. Dazu eignet sich zum Beispiel ein Musterprogramm, das alle vorgeschriebenen Bestandteile enthält. Weiterhin muß dargestellt werden, wie der Aufruf eines anwendungsspezifischen Programms, der durch die Basissoftware erfolgt, in den Steuerdaten vereinbart werden muß.

Bei der Integration anwendungsspezifischer Programme in die Gesamtsoftware müssen die Steuerdatenliste, die Variablenliste und die Programmliste ergänzt werden. Diese Ergänzungen müssen am Rechner möglich sein und durchgeführt werden. Andernfalls stimmen die Listen im Entwurfssystem und im Mikroprozessor-Entwicklungssystem nach der Ergänzung nicht mehr überein.

Als Ergebnis des rechnerunterstützten Entwurfs sind vom Entwurfssystem die Programmliste, die Variablenliste und die Steuerdatenliste zu erzeugen (vgl. Abschnitt 5.2.1). Die beiden letzteren sind in der Quellsprache des Mikroprozessor-Entwicklungssystems darzustellen. In dieser Form sind sie für den Entwickler lesbar und können am Mikroprozessor-Entwicklungssystem für Testzwecke korrigiert und ergänzt, sowie vom Assemblierer (Übersetzung der Quellsprache in die Maschinensprache des Mikroprozessors) direkt verarbeitet werden.

Die übersetzten Listen werden entsprechend der Programmliste mit den Programmen aus der Basissoftware und den anwendungsspezifischen Programmen zusammengebunden und getestet. Die dadurch entstandene ablauffähige Gesamtsoftware wird auf Speicherbausteine (EPROM) für die Bediensystemhardware geladen.

Korrekturen und Ergänzungen der Listen sollten am Entwicklungssystem nur während der Testphase vorgenommen werden; sie sind danach jeweils auch am Entwurfssystem in die dort gespeicherten Listen einzubringen, damit diese in beiden Systemen identisch bleiben. Dadurch wird sichergestellt, daß bei späteren Weiterentwicklungen keine Änderungen verloren gehen und die vom Entwurfssystem erstellte Dokumentation der Realisierung entspricht. Auch ein Rücktransfer der Daten zum Entwurfssystem mit anschließender Rückübersetzung ist denkbar.

Falls das Bedienfeld und der Funktionsblock BSEA des Steuerungskerns getrennt getestet werden sollen, wird zusätzlich zu den oben genannten Listen eine Tabelle aller Meldungen mit Informationen zu deren Erzeugung und Verarbeitung benötigt. Bild 5.4 zeigt den Aufbau einer solchen Tabelle.

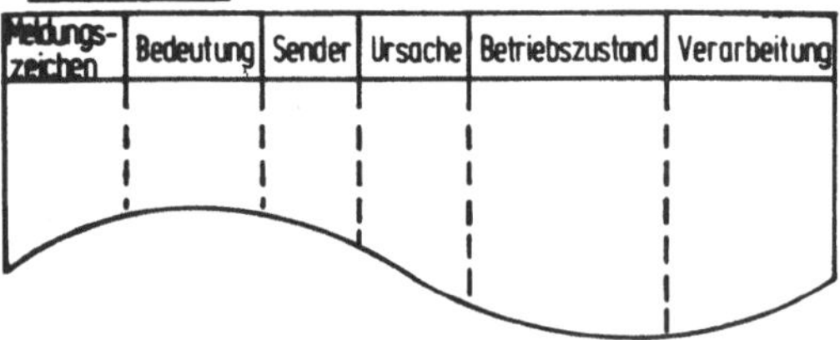

Bild 5.4: Aufbau einer Meldungstabelle

Mit diesen Informationen können beide Teilsysteme weitgehend überprüft werden, da ihr Schnittstellenverhalten vollständig durch die Erzeugung und Verarbeitung der Meldungen beschrieben wird. Die Meldungen können, da sie aus ASCII-Zeichen

bestehen, von einem Standarddatenterminal erzeugt und auch
angezeigt werden.

Eine grundsätzliche Forderung, die an ein rechnerunterstütztes
Entwurfssystem für die vorliegende Aufgabenstellung zu stellen
ist, bezieht sich auf seine Erweiterbarkeit. Da infolge der
Entwicklung von Bediensystemen der Bestand an wiederverwendbaren Programmen wächst, muß die Verwendung der neuen Programme vom Entwurfssystem auch unterstützt werden. Das bedeutet,
daß das Funktionsmenü, die Eingabedialoge und die Algorithmen
zur Strukturierung der Steuerdaten und Variablenbereiche ergänzt werden können. Die Erfüllung dieser Forderung bestimmt
wesentlich den Aufbau des Rechnerprogramms im Entwurfssystem.

5.2.3 Der Aufbau des Entwurfssystems

In den vorangegangenen Kapiteln wurden die Aufgaben des rechnerunterstützten Entwurfssystems herausgearbeitet und die Ar-
beitsweise dargestellt. Daraus läßt sich zusammenfassend ein
Anforderungsprofil für das rechnerunterstützte Entwurfssystem
ableiten (Bild 5.5).

Der verwendete Rechner muß als Peripheriegeräte einen externen Massenspeicher (Floppy Disk oder Magnetplatte), ein Bildschirmterminal und einen Drucker besitzen. Weiterhin muß er
über einen Kompilierer für eine höhere Programmiersprache ver-
fügen. Die Leistungsfähigkeit eines Kleinrechners ist für die
vorliegenden Aufgaben ausreichend.

Eine mögliche Lösung ist auch die Implementierung des Entwurfssystems im Mikroprozessor-Entwicklungssystem. Dies hat
den Vorteil, daß kein weiterer Rechner benötigt wird. Weiterhin fällt auch der Transfer der erstellten Daten und die hierfür erforderliche Kopplung zwischen dem Entwicklungssystem
und einem Rechner weg. Nachteilig ist jedoch die höhere zeitliche Belastung des Entwicklungssystems.

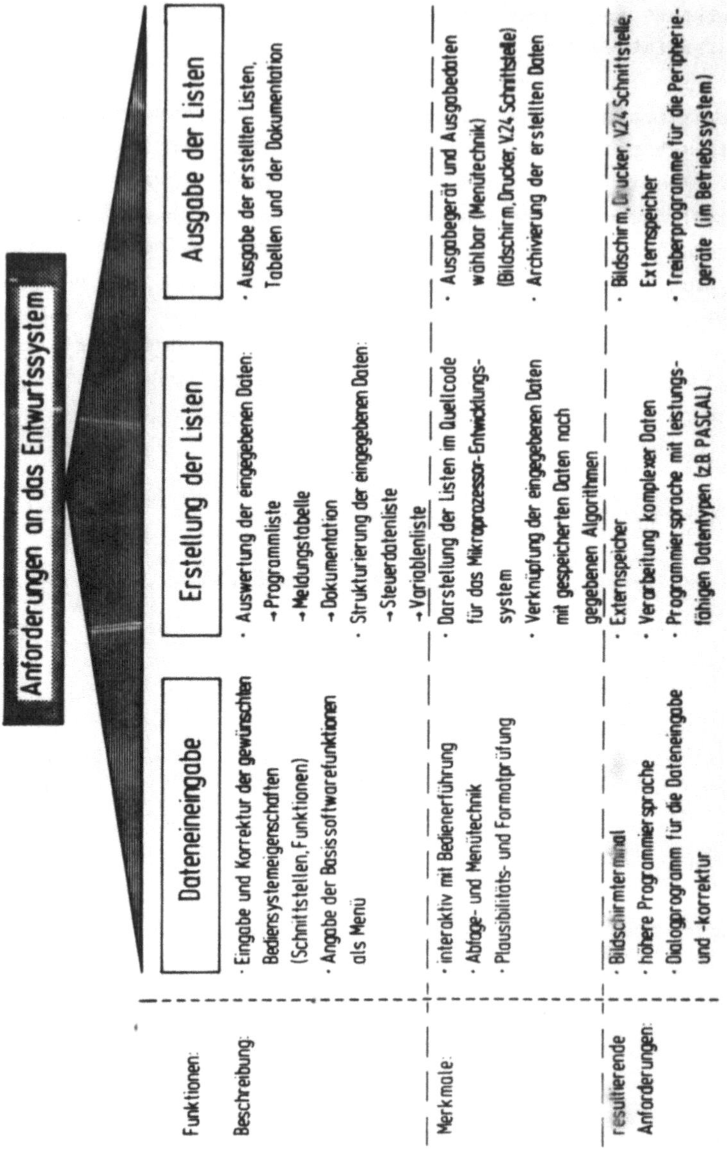

82

Funktionen:	Dateneingabe	Erstellung der Listen	Ausgabe der Listen
Beschreibung:	· Eingabe und Korrektur der gewünschten Bediensystemeigenschaften (Schnittstellen, Funktionen) · Angabe der Basissoftwarefunktionen als Menü	· Auswertung der eingegebenen Daten: → Programmliste → Meldungstabelle → Dokumentation · Strukturierung der eingegebenen Daten: → Steuerdatenliste → Variablenliste	· Ausgabe der erstellten Listen, Tabellen und der Dokumentation
Merkmale:	· interaktiv mit Bedienerführung · Abfage- und Menütechnik · Plausibilitäts- und Formatprüfung	· Darstellung der Listen im Quellcode für das Mikroprozessor-Entwicklungssystem · Verknüpfung der eingegebenen Daten mit gespeicherten Daten nach gegebenen Algorithmen	· Ausgabegerät und Ausgabedaten wählbar (Menütechnik) (Bildschirm, Drucker, V.24 Schnittstelle) · Archivierung der erstellten Daten
resultierende Anforderungen:	· Bildschirmterminal · höhere Programmiersprache · Dialogprogramm für die Dateneingabe und -korrektur	· Externspeicher · Verarbeitung komplexer Daten · Programmiersprache mit leistungsfähigen Datentypen (z.B. PASCAL)	· Bildschirm, Drucker, V.24 Schnittstelle, Externspeicher · Treiberprogramme für die Peripheriegeräte (im Betriebssystem)

Bild 5.5: Anforderungen an das rechnerunterstützte Entwurfssystem

Die Software des Entwurfssystems kann entsprechend Bild 5.5
in folgende Aufgabenbereiche unterteilt werden:
- Dialog für die Dateneingabe;
- Abspeicherung der Eingabedaten;
- Auswertung der Eingabedaten, Erstellung der Listen, Tabellen
  und der Dokumentation; Formatierung der Listen für das As-
  sembliererprogramm des Mikroprozessor-Entwicklungssystems;
- Ausgabe der erstellten Daten.

Um die geforderte Erweiterbarkeit zu gewährleisten, wird die
Software streng in diese vier Funktionsbereiche gegliedert.
Bild 5.6 zeigt die Grobstruktur entsprechend dem Datenfluß
angeordnet.

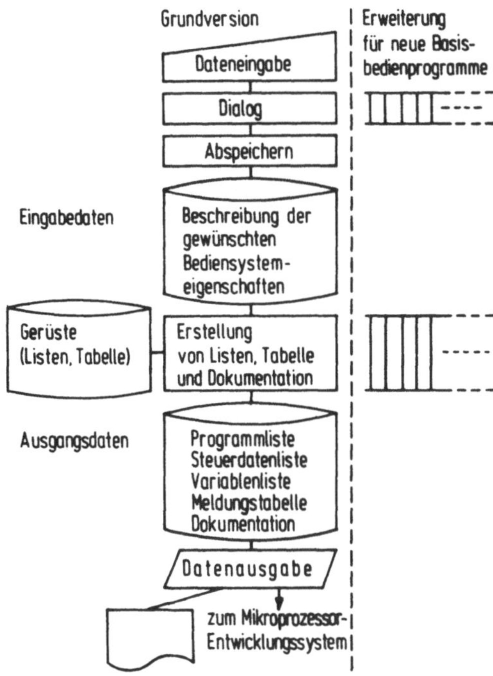

Bild 5.6: Softwarestruktur im Entwurfssystem

Die Gesamtkonfiguration des im Rahmen dieser Arbeit aufge-
bauten Systems zur rechnerunterstützten Erstellung von Bediensoftware ist in Bild 5.7 dargestellt.

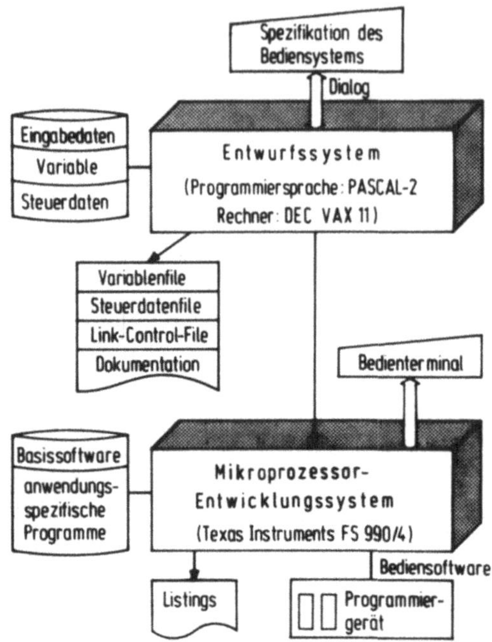

Bild 5.7: Gesamtkonfiguration des Systems zur rechnerunterstützten Erstellung von Bediensoftware

Aufgrund der sehr leistungsfähigen Datenstrukturen, die teilweise anwendungsorientiert definierbar sind, wurde als Programmiersprache PASCAL /48, 49, 50/ eingesetzt. Diese Sprache
fordert die Vereinbarung aller verwendeten Datenobjekte am Anfang des Programms, erlaubt die Problemformulierung in einer
Form, die dem menschlichen Denkprozeß sehr nahe ist, und unterstützt die strukturierte Programmierung. Die entstehenden
Programme sind deshalb streng gegliedert sowie leicht lesbar
und verständlich. Dadurch wird die in der vorliegenden Aufgabenstellung geforderte Erweiterbarkeit unterstützt. Verwendet wurde PASCAL-2 /51/.

5.2.4 Erstellung der Steuerdatenlisten

Von den Aufgaben des Entwurfssystems wird im folgenden die
Erstellung der Steuerdaten herausgegriffen und exemplarisch
dargestellt. Zweckmäßigerweise geht man bei der Untersuchung
dieser Aufgabe vom Endprodukt, der Steuerdatenliste selbst
aus. Da sie vom Assemblierer des Mikroprozessor-Entwicklungssystems übersetzt werden soll, muß sie - wie bereits erwähnt -
in der Quellsprache des verwendeten Entwicklungssystems dargestellt werden. Dabei ist das Ausgabedatenformat des Editorprogramms dieses Entwicklungssystems nachzubilden.

Der Inhalt der Steuerdatenliste kann in zwei Bestandteile gegliedert werden: einen anwendungsunabhängigen Rahmen und einen
anwendungsabhängigen Teil, der von den Eingabedaten bestimmt
wird. Der erste Bestandteil ist als sogenanntes Listengerüst
im Entwurfssystem gespeichert. In dieses Gerüst werden die anwendungsabhängigen Steuerdaten eingefügt. Die Art und der Umfang der Steuerdaten sind bestimmt durch die in der jeweiligen
Anwendung eingesetzten anpaßbaren Programme aus der Basisbediensoftware. Jedes dieser Programme erwartet eine bestimmte
Menge von Steuerdaten in einer vorgeschriebenen Struktur.
Diese Struktur ist durch den internen Aufbau und die Arbeits-
weise des anpaßbaren Programms selbst gegeben; sie ist deshalb von Programm zu Programm verschiedenartig (vgl. Abschnitte 4.2.2 und 4.2.3).

Zusammenfassend resultieren die Anforderungen an das Programm
zur Erstellung der Steuerdaten aus:
- der Syntax der Quellsprache und dem Ausgabedatenformat des
  Editorprogramms im Mikroprozessor-Entwicklungssystem;
- den Vorschriften für die Menge und die Strukturierung der
  Steuerdaten für die anpaßbaren Programme der Basissoftware.

Da das Bediensystem aus zwei Teilsystemen, dem Bedienfeldsteuerwerk und dem Funktionsblock BSEA besteht, sind zwei
Steuerdatenlisten zu erzeugen. Die Bestandteile der Listen
zeigt Bild 5.8.

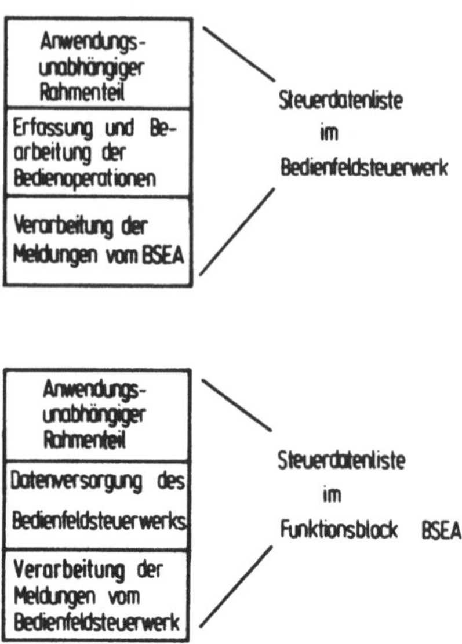

Bild 5.8: Bestandteile der Steuerdatenlisten für das Bedienfeldsteuerwerk und den Funktionsblock BSEA

In den Steuerdaten für die Erfassung der Bedienoperationen ist
die Spezifikation der Hardwareschnittstelle zur Bedientafel
enthalten; ein Teil der Steuerdaten für die Interpretation der
Meldungen vom Bedienfeldsteuerwerk beschreibt die Struktur der
Schnittstelle zwischen dem Funktionsblock BSEA und den anderen
Funktionsblöcken des Steuerungskerns (vgl. Abschnitt 4.2.3).

Der Vorgang der Strukturierung der Steuerdaten ist stark von
der Realisierung des Rechnerprogramms und von der für das Entwurfssystem verwendeten Programmiersprache abhängig. Er soll
deshalb nur in Grundzügen beschrieben werden. Dazu wird als
einfaches Beispiel die Strukturierung der Daten für die Bearbeitung der Tastenbedienoperationen verwendet.

Für jede auf dem Bedienfeld vorhandene Taste wird dialogge-
führt die gewünschte Funktion ins Entwurfssystem eingegeben
und dort gespeichert. Der entstehende Eingabedatensatz enthält

je einen Eingabedatenblock für jede Taste. Die Strukturie-
rungsvorschrift des Basisbedienprogramms zur Tastenbearbeitung
besagt, daß für jede Taste ein Steuerdatenblock zu erstellen
ist und diese Datenblöcke mit der Taste 0 beginnend anein-
anderzureihen sind (vgl. Abschnitt 4.2.2.2). Bei der Strukturierung der Steuerdatenliste des Bedienfeldsteuerwerks wird
jeder Eingabedatenblock einzeln interpretiert. Die Steuerdaten
werden dabei aus den Eingabedaten errechnet oder über Zuord-
nungstabellen ermittelt und in das benötigte Format umgesetzt.
Entsprechend der Vorschrift werden die Steuerdatenblöcke dann
aneinandergereiht. Bild 5.9 zeigt den Ablauf und einen Ausschnitt aus einer Steuerdatenliste für die Tastenbearbeitung
in einem ausgeführten Bedienfeldsteuerwerk (vgl. Abschnitt
4.2.2.2).

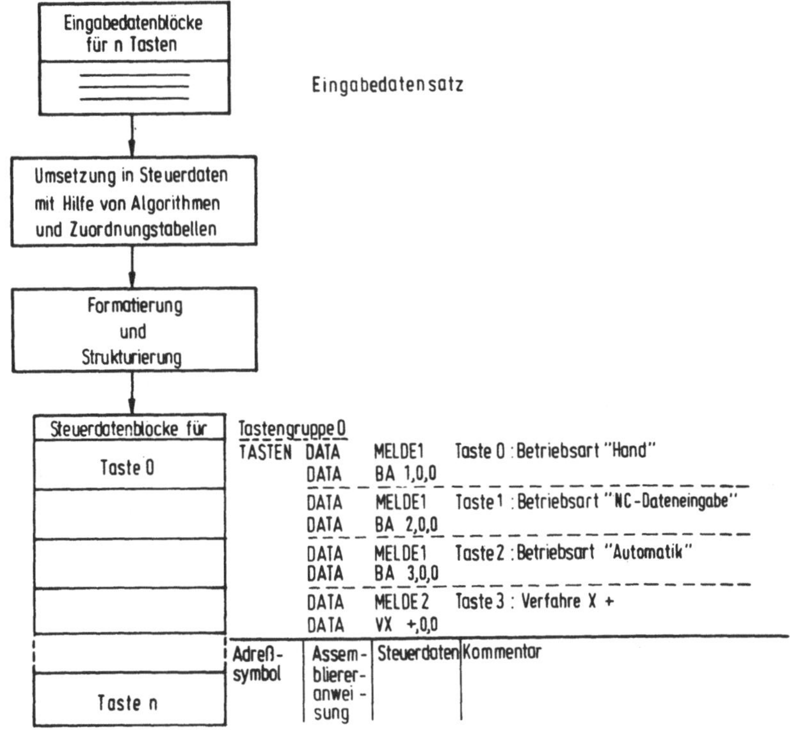

Bild 5.9: Erstellung der Steuerdaten für die Tastenbearbeitung

6 Anwendung des Bausteinsystems für Bediensysteme

Die Automatisierung einer Werkzeugmaschine durch eine numerische Steuerung erfordert zunächst die Ermittlung der steue-
rungstechnischen Anforderungen. Dabei stehen die Anzahl und
die Art der Achsen, die Maschinenfunktionen, die Funktionen
der Hilfseinrichtungen und das Bedien- und Programmierverfahren im Vordergrund.

Anhand dieser Untersuchungen ist ein Pflichtenheft für die
Steuerung zu erarbeiten. Auf dieser Grundlage muß dann geklärt
werden, ob eine käufliche Standardsteuerung die gestellten
Anforderungen erfüllen kann. Ist dies nicht der Fall, so kann
eine Zusammenarbeit mit einem Steuerungshersteller angestrebt
werden mit der Zielsetzung, eine anwendungsbezogene Modifikation der Standardsteuerung durchzuführen. Dieser Weg wird
im allgemeinen nur bei großen Stückzahlen beschritten und
birgt die Gefahr, daß unternehmensspezifisches Wissen des
Maschinenherstellers preisgegeben wird. Als dritter Weg bleibt
die Entwicklung einer zugeschnittenen Steuerung auf der Basis
eines käuflichen Bausteinsystems. Dieses muß im Funktionsumfang, im mechanischen Aufbau und in Bezug auf Störsicherheit
sowie Zuverlässigkeit auf steuerungstechnische Anforderungen
zugeschnitten sein. Neben den Hardwarebaugruppen sollten Softwarekomponenten, wie zum Beispiel ein konfigurierbares Echtzeitbetriebssystem mit verschiedenen Schnittstellentreibern
und Arithmetikprogramme, verfügbar sein.

Die in den folgenden Abschnitten beschriebenen Bediensysteme
wurden im Rahmen von Steuerungsentwicklungen für Sonderwerkzeugmaschinen ausgeführt /53, 54, 55/. Basis für diese Steuerungen war das Konzept und die Komponenten des Mehrprozessor-
Steuersystems MPST. MPST ist ein flexibles, modular aufgebau-
tes Steuerungssystem. Grundgedanke dieses Systems ist die in
Abschnitt 2.1 dargestellte Aufteilung der NC-Funktionen in
Funktionsblöcke und deren Verwirklichung durch mehrere parallel arbeitende Mikrorechner. Die Hardwarekomponenten des Systems sind durch einen Parallelbus miteinander verbunden.

Das Systemkonzept umfaßt die Definition dieses zentralen
Busses, die Strukturierung der NC-Funktionen in Funktions-
blöcke und Festlegungen zur Softwareschnittstelle dieser
Funktionsblöcke /8, 14, 15, 16/.

6.1 Eingesetzte Basiskomponenten des Bausteinsystems

Als Komponenten, die von der Funktion Bedienung unabhängig
sind, wurden MPST-Mikrorechnerkarten (mit dem 16 bit-Mikropro-
zessor TMS 9900) /14, 53/ und ein am Institut für Steuerungstechnik der Werkzeugmaschinen und Fertigungseinrichtungen (ISW)
der Universität Stuttgart für diesen Mikrorechner entwickeltes
Echtzeitbetriebssystem mit Multitaskingfähigkeit eingesetzt.

Bedienspezifische Komponenten waren die Grundschaltungen für
den Anschluß der Bedientafel an den Mikrorechner des Bedienfelds (vgl. Abschnitt 3.2) und die Basisbediensoftware. Diese
umfaßte folgende Funktionen (vgl. Abschnitte 4.2.2, 4.2.3):
- Erfassung von Tasten, Kippschaltern, Drehschaltern und De-
  kadenschaltern;
- Bearbeitung von Bedienoperationen für die oben genannten Bedienelemente:
            - Erzeugung von Meldungen;
            - Daten an andere Tasks übergeben;
- Meldungsverarbeitung für das Bedienfeldsteuerwerk und den
  Funktionsblock Bedien- und Steuerdatenein-/ausgabe:
            - Nutzzeichen abspeichern;
            - Treiberprogramme für verschiedene Anzeigen;
            - Datenübergabe an Schnittstellen mit Bit-
              und Wortstruktur;
            - Datentransfer und Verwaltung für den NC-
              Datenspeicher;
- Periodische Datenversorgung des Bedienfelds:
            - Eingangsdaten mit verschiedenen Darstel-
              lungen (ASCII, Zweierkomplement, Betrag und
              Vorzeichen, Einzelbits).

6.2 Beschreibung der Funktionen von Bediensystemen

Als erster Schritt bei der Entwicklung eines Bediensystems
ist das Bedienproblem unter den in Abschnitt 2.4 genannten
Gesichtspunkten zu untersuchen. Ausgehend von den daraus hergeleiteten Bediensystemfunktionen sind die Bedienabläufe zu
beschreiben. Eine sehr übersichtliche Beschreibungsform ist
in Bild 6.1 gezeigt.

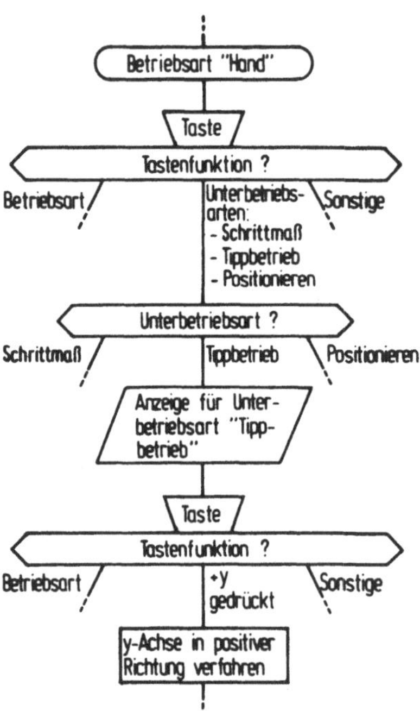

Bild 6.1: Beschreibungsform für Bedienverfahren

Diese Beschreibungsform kann als Grundlage für die Entwicklung
des Bedienverfahrens und für die damit eng verknüpfte Gestaltung der Bedientafel dienen; als Grundlage für die Softwareentwicklung ist sie jedoch nicht ausreichend. Dies wird im
folgenden näher begründet.

Da die Bedienoperationen einzeln bearbeitet werden und die Anzeigedaten im wesentlichen aus einzeln verarbeiteten Meldungen
entstehen, wird die Softwareentwicklung am zweckmäßigsten dadurch vorbereitet, daß erstens für jedes Bedienelement die gewünschten Funktionen aufgelistet und zweitens die zur Datenversorgung des Bedienfelds benötigten Meldungen sowie deren
Inhalt festgelegt werden. Hierbei ist die Aufgabenverteilung
zwischen dem Bedienfeldsteuerwerk und dem Funktionsblock BSEA
zu berücksichtigen; diese ist durch die Funktionen der vorhandenen Basisbediensoftware im wesentlichen gegeben. Ausgehend
von dieser Aufgabenverteilung können außerdem die Meldungen
des Bedienfeldsteuerwerks an den BSEA und deren Verarbeitung
hergeleitet werden. Abschließend ist die Datenschnittstelle
zwischen BSEA und den anderen Funktionsblöcken zu definieren.
Damit sind die Funktionen des Bediensystems hinreichend beschrieben. Die Beschreibungsform nach Bild 6.1 ist wie in
Bild 6.2 gezeigt zu erweitern.

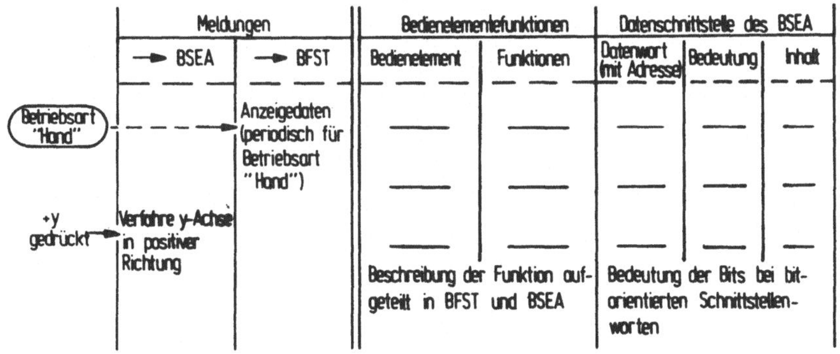

	Meldungen		Bedienelementefunktionen		Datenschnittstelle des BSEA		
	⟶ BSEA	⟶ BFST	Bedienelement	Funktionen	Datenwort (mit Adresse)	Bedeutung	Inhalt
Betriebsart "Hand"		Anzeigedaten (periodisch für Betriebsart "Hand")					
+y gedrückt	Verfahre y-Achse in positiver Richtung		Beschreibung der Funktion aufgeteilt in BFST und BSEA		Bedeutung der Bits bei bitorientierten Schnittstellenworten		

Bild 6.2: Beschreibung der Funktionen eines Bediensystems

6.3 Ausgeführte Bediensysteme

Es wird anhand von zwei grundsätzlich verschiedenen Bediensystemen gezeigt, daß sowohl gleichartige Ansteuerschaltungen
einsetzbar sind, als auch mit der vorne beschriebenen Basisbediensoftware ein wesentlicher Teil der benötigten Funktionen
realisiert werden kann.

6.3.1 Bediensystem für Parametereingabe

Dieses Bediensystem wurde für die numerische 2-Achsen-Bahn-
steuerung einer Wälzfräsmaschine entwickelt. Die Steuerung
ersetzt ein hydraulisches Nachformsystem und umfaßt daher
lediglich Funktionen zur Verarbeitung von Geometriedaten;
die Steuerung der Maschinenfunktionen und die Beauftragung
der untergeordneten NC werden von einer externen speicherprogrammierbaren Steuerung ausgeführt.

Entsprechend dieser Gerätestruktur wird die Bedientafel unterteilt in eine Maschinenbedientafel, die direkt an die speicherprogrammierbare Steuerung angeschlossen ist und eine sogenannte Dateneingabetafel für die NC. Bild 6.3 zeigt die
Gestaltung der Dateneingabetafel.

Um die NC-Programmierung zu vereinfachen wurde die Beschreibung der Bearbeitungsgeometrie durch Koordinaten weniger Bahn-
punkte gewählt. Eine Untersuchung ergab die Notwendigkeit von
acht verschiedenen Bahnkonturen, die jeweils aus Kreisbögen
und Geraden zusammengesetzt werden können. Die NC-Programmierung läßt sich so auf die Eingabe folgender Bearbeitungspara-
meter reduzieren: Konturart, Koordinaten der Endpunkte und Ra-
dien der Konturelemente, technologische Verfahrwege (zum Beispiel Schnittiefen), Werkzeugradius und Vorschübe. Zur Beeinflussung des Bearbeitungsvorschubs ist die Eingabe eines Over-
ride möglich.

Für die Eingabe der Konturart sowie des Vorschuboverride werden Drehschalter verwendet. Die Eingabe der Koordinatenwerte,
der technologischen Verfahrwege, des Werkzeugradius und der
Vorschübe erfolgt durch Dekadenschalter. Jedem dieser Parameter ist eine Dekadenschaltergruppe zugeordnet. Die Bearbei-
tungsparameter werden mit steuerungsintern abgespeicherten
Zyklen verknüpft; daraus entsteht das Bearbeitungsprogramm.

Eine weitere Erleichterung der NC-Programmierung wird durch
die Markierung der einzugebenden Parameter erreicht; diese

Markierung (durch Leuchtdioden) erfolgt in Abhängigkeit von
der gewählten Konturart und dem an der Maschinenbedientafel
eingestellten Bearbeitungskreislauf.

Als Anzeigeinformationen werden die Achspositionen bezogen
auf den Maschinennullpunkt und auf einen wählbaren Nullpunkt
benötigt.

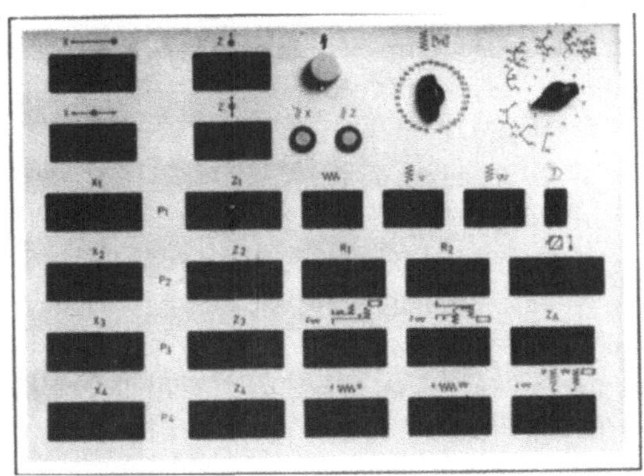

<u>Bild 6.3</u>: Dateneingabetafel (Quelle: Liebherr)

<u>Hardwareaufbau des Bedienfeldsteuerwerks</u>

Die Bedien- und Anzeigeelemente werden entsprechend den Aus-
führungen in Abschnitt 3.2 über eine parallele Ein-/Ausgabe-
schnittstelle an den Mikrorechner im Dateneingabefeld angeschlossen. Die Dekadenschalter sind als Matrix mit 16 Aus-
gangssignalen zusammengeschaltet. Bei den 7-Segment-Anzeigen
werden je acht Ziffern von einem hochintegrierten Treiberbau-
stein angesteuert; diese Hardwarebausteine werden über parallele Signale der Ausgabeschnittstelle mit Daten versorgt.

<u>Softwarefunktionen des Bediensystems</u>

Da keine komplexen Bedienabläufe vorliegen, können die benötigten Funktionen der Bediensoftware hier aus der Art und der

Anzahl der Bedien- und Anzeigeelemente sowie aus der Schnitt-
stelle des BSEA zu den anderen Funktionsblöcken (Erzeugung des
Bearbeitungsprogramms und Geometriedatenverarbeitung) herge-
leitet werden. Im Bedienfeldsteuerwerk sind dies:
- Erfassung und Bearbeitung der Bedienoperationen:
                    - Erzeugung von Meldungen;
                    - Daten an andere Tasks übergeben;
- Bedienerführung durch Leuchtdioden (anwendungsspezifisch);
- Erstellen des Bearbeitungsparametersatzes auf Anforderung
  des BSEA (anwendungsspezifisch);
- Meldungsverarbeitung:
                    - Nutzzeichen abspeichern;
                    - Betriebsartenwechsel (anwendungsspezifisch);
                    - Daten an Treiberbausteine für die 7-Segment-
                      Anzeigen übergeben.
Die Funktionen des BSEA sind:
- Periodische Datenversorgung des Dateneingabefelds;
- Eingabe des Bearbeitungsparametersatzes bei Betriebsarten-
  wechsel anfordern (anwendungsspezifisch);
- Meldungsverarbeitung:
                    - Bearbeitungsparameter an den Funktionsblock
                      Erzeugung des Bearbeitungsprogramms überge-
                      ben (anwendungsspezifisch).

6.3.2 Bediensystem für Maschinenbedienung und Dateneingabe

Das im folgenden untersuchte Bediensystem wurde für eine numerische 4-Achsen-Bahnsteuerung entwickelt. Im Gegensatz zu der
in Abschnitt 6.3.1 behandelten Steuerung ist hier die speicherprogrammierbare Steuerung der NC untergeordnet. In allen
drei Betriebsarten (Dateneingabe, Hand/Einrichten und Automatik) erfolgt die Bedienung an der NC-Bedientafel; lediglich
die Maschinenfunktionen werden in der Betriebsart Hand/Ein-
richten über eine separate Maschinenbedientafel gesteuert, die
an der speicherprogrammierbaren Steuerung angeschlossen ist.

Die NC-Programmierung wird an der Steuerung durchgeführt; für
die Dateneingabe ist eine zugeschnittene Tastatur vorgesehen.
Als Programmierverfahren können wahlweise die Eingabe von Be-
arbeitungsparametern für steuerungsintern gespeicherte Zyklen
und die Programmierung gemäß DIN 66025 angewendet werden.
Die Dateneingabe wird durch ein komfortables Editorprogramm
mit Bedienerführung unterstützt.

Im folgenden werden die wichtigsten Bediensystemfunktionen
und die zugehörigen Bedienelemente nach Betriebsarten getrennt
aufgeführt:
- Betriebsart Hand/Einrichten:
        - Verfahren der Maschinenachsen (Einzeltasten);
        - Eingabe der Vorschubgeschwindigkeit (Tastatur);
        - Eingabe der Vorschuboverridewerte für drei Achsen
          (Drehschalter);
- Betriebsart Automatik:
        - Beeinflussung des Bearbeitungsablaufs (Einzel-
          tasten);
        - Eingabe der Vorschuboverridewerte (Drehschalter);
- Betriebsart Dateneingabe:
        - Eingabe und Korrektur der Bearbeitungsdaten (zu-
          geschnittene Tastatur).

In Abhängigkeit von der Betriebsart sind unterschiedliche
Daten auf der NC-Bedientafel anzuzeigen: Achspositionen, Vor-
schubgeschwindigkeit, NC-Satznummer, Bearbeitungsdaten und Be-
dienerführung in der Betriebsart Dateneingabe, Betriebszustand,
Störungen.
Hierfür sind eine Plasmaanzeige (8 Zeilen mit je 32 Zeichen),
Einzellampen und Lampen in Tasten vorgesehen. Bild 6.4 zeigt
die Bedientafel.

Hardwareaufbau des Bedienfeldsteuerwerks

Alle Bedienelemente (Tasten, Kippschalter, Schlüsselschalter,
Drehschalter) sowie die Lampen werden wie bei der in Abschnitt

6.3.1 behandelten Steuerung angeschlossen. Lediglich für die Plasmaanzeige wird eine V.24-Schnittstelle benötigt.

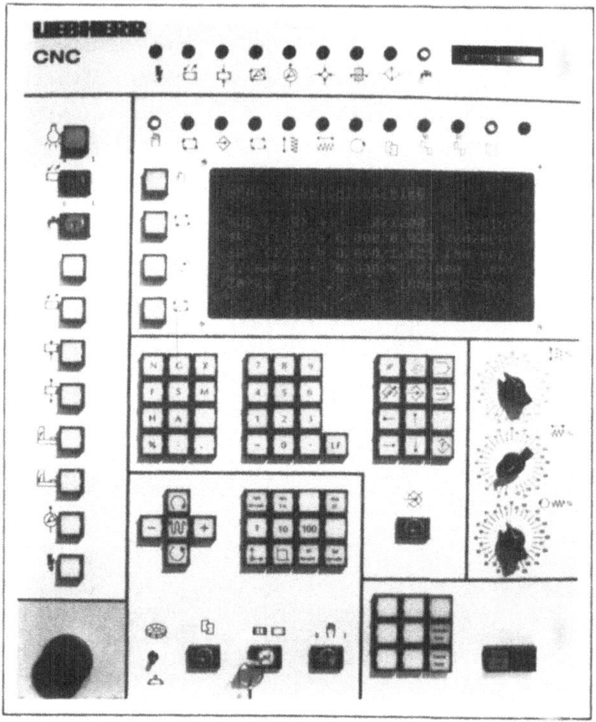

Bild 6.4: Bedientafel der 4-Achsen-Bahnsteuerung
(Quelle: Liebherr)

Softwarefunktionen des Bediensystems

Im Bedienfeldsteuerwerk ist die Erfassung und Bearbeitung der Bedienoperationen im Vergleich zu der in Abschnitt 6.3.1 behandelten Steuerung durch das Fehlen der Programme für Dekadenschalter sowie vor allem durch die Editorfunktionen und die Bedienerführung für die Betriebsart Dateneingabe gekennzeichnet. Die Editorfunktionen und die Bedienerführung werden von einer anwendungsspezifischen Task übernommen (vgl. Bild 4.7).

In der Meldungsverarbeitung des Bedienfeldsteuerwerks betreffen die Unterschiede im wesentlichen die Datenanzeige. Da die Plasmaanzeige eine Schnittstelle mit relativ niedriger Datenrate (maximal 19,2 kBaud) besitzt ist sie von einem interruptgesteuerten Treiberprogramm mit Daten zu versorgen. Beim Betriebsartenwechsel sind Tasks zu aktivieren und zu passivieren, sowie der Anzeigeinhalt zu ändern; diese Funktionen werden aufgrund der Verknüpfung mit der Plasmaanzeige zweckmäßigerweise in einer weiteren Task ausgeführt um die Meldungsverarbeitung nicht zu blockieren (vgl. Abschnitt 4.2.3.2).

Im Funktionsblock BSEA sind die Unterschiede zu der in Abschnitt 6.3.1 betrachteten Steuerung hauptsächlich durch die Datenversorgung des Editorprogramms (anforderungsgesteuerte Datenversorgung), durch die Beeinflussung des Bearbeitungsablaufs über den Funktionsblock NC-Datenverwaltung und -aufbereitung (NCVA) sowie durch die Datenübertragung in den NC-Datenspeicher bedingt. Diese Funktionen machen eine weitere anwendungsspezifische Task (vgl. Bild 4.20), einige Routinen für die Meldungsverarbeitung und ein Treiberprogramm für den NC-Datenspeicher erforderlich. Die periodische Datenversorgung des Bedienfeldsteuerwerks wird vom zugehörigen Standardprogramm übernommen.

6.3.3 Bewertung des Bausteinsystems

In den Abschnitten 6.3.1 und 6.3.2 wurde gezeigt, daß für den Anschluß der Bedien- und Anzeigeelemente an den Mikrorechner des Bedienfelds folgende Grundschaltungen benötigt werden (vgl. Abschnitt 3.2): Ankopplung an den Bedienfeldbus, parallele Ein- und Ausgabetreiberschaltungen und Treiberschaltungen für 7-Segment-Anzeigen, Plasmaanzeigen und Bildschirmanzeigen.

Bei der Bewertung der Basisbediensoftware ist die Unterteilung in Funktionsbereiche nach Abschnitt 4.2 zweckmäßig. Im Bedienfeldsteuerwerk können zur Erfassung der Bedienoperationen anpaßbare, standardisierte Erfassungsroutinen eingesetzt werden.

Die Bearbeitung der Bedienoperationen kann im wesentlichen
mit anpaßbaren Standardbearbeitungsroutinen zur Meldungser-
zeugung und Datenübergabe an andere Tasks durchgeführt werden,
wenn die Verknüpfung der Bedienoperationen in der Ablaufsteuerung im Steuerungskern geschieht. Sollen Verknüpfungen im Bedienfeldsteuerwerk verwirklicht werden, dann sind anwendungsspezifische Bearbeitungsroutinen nach dem Verfahren der Zustandsprogrammierung zu erstellen (vgl. Abschnitt 4.2.2.2).
Die Betriebsart NC-Dateneingabe erfordert eine anwendungsspezifische Task, da die Verfahren der NC-Programmierung und der
zugehörigen Bedienerführungen sehr unterschiedlich sind. Nur
für wenige Grundfunktionen des Editorprogramms sind standardisierte Programmteile einsetzbar. Bei der Meldungsverarbeitung
sind Standardverarbeitungsroutinen mit den in Abschnitt 6.1
aufgeführten Funktionen ausreichend. Für den Betriebsartenwechsel wird ein anwendungsspezifisches Programm benötigt,
um die gewünschten Grundzustände wie zum Beispiel Anzeigen-
inhalte herzustellen.

Im Funktionsblock BSEA kann der Funktionsbereich periodische
Datenversorgung des Bedienfeldsteuerwerks zum Großteil von
dem in Abschitt 4.2.3.1 behandelten anpaßbaren Standardprogramm abgedeckt werden. Die anforderungsgesteuerte Datenversorgung für die Task "NC-Dateneingabe" (im Bedienfeldsteuerwerk) ist anwendungsbezogen zu erstellen; dabei ist lediglich
das Treiberprogramm für den NC-Datenspeicher standardisierbar.
Im Bereich der Meldungsverarbeitung sind standardisierte Verarbeitungsroutinen für die Abspeicherung von Nutzdaten, die
Datenübergabe an Schnittstellen mit Bit- und Wortstruktur sowie der Treiber für den NC-Datenspeicher einsetzbar. Für die
Durchführung des Betriebsartenwechsels wird wiederum ein anwendungsspezifisches Programm benötigt.

Beim praktischen Einsatz der beschriebenen Basissoftware in
mehreren Anwendungen hat sich gezeigt, daß der Anteil der
Standardprogramme an der Gesamtbediensoftware (Programme und
konstante Daten) zwischen 30 % und 70 % liegt.

6.4 Anwendung des Entwurfssystems

Die Anwendung des rechnerunterstützten Entwurfssystems soll
anhand des in Abschnitt 6.3.2 untersuchten Bediensystems de-
monstriert werden. Den Schwerpunkt der Beschreibung bildet
die dialogorientierte Eingabe der Bediensystemfunktionen am
Bildschirmterminal des Rechners; die grundsätzlichen Aufgaben
des Benutzers des Entwurfssystems wurden bereits in Abschnitt
5.2 behandelt.

Nach Aufrufen des Entwurfsprogramms meldet sich dieses mit
dem in Bild 6.5 gezeigten Eröffnungsdialog.

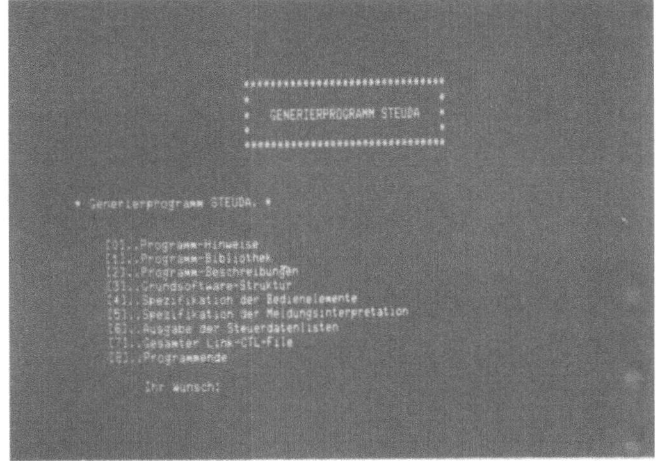

Bild 6.5: Eröffnungsdialog des Entwurfsprogramms

Dem Benutzer werden in Menüform sämtliche Funktionen des Entwurfssystems angezeigt. Durch Anwahl einer der Funktionen 0
bis 3 können Informationen zur Basisbediensoftware abgerufen
werden. Diese umfassen neben den Funktionsbeschreibungen der

Basisprogramme insbesondere Hinweise und Regeln für die Erstellung anwendungsspezifischer Programme sowie die Anforderungen der Basisbediensoftware an die Hardware des Bediensystems.

Für die Eingabe der Funktionen der Bedienelemente wird der Menüpunkt 4 angewählt. Zunächst ist hier der Name des zu bearbeitenden Bedienfelds und die Hardwareadressen der Bedienelemente einzugeben. Dazu dient der in Bild 6.6 dargestellte Dialog.

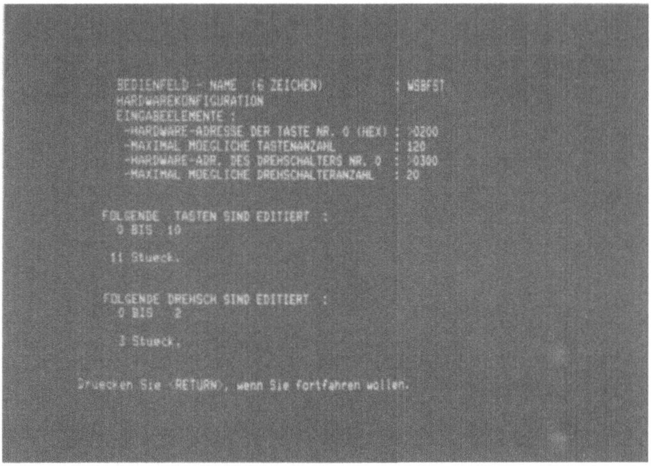

Bild 6.6: Bezeichnung des Bedienfelds und Eingabe der Hardwareadressen der Bedienelemente

Daraufhin stehen dem Benutzer die folgenden Funktionen zur Verfügung:
- Überprüfung bereits eingegebener Daten;
- Eingabe neuer Daten;
- Ausgabe der gesamten eingegebenen Daten in Klartextdarstellung auf einem Drucker zu Dokomentationszwecken.

Beispielhaft soll die Eingabe von Tastenfunktionen des Bedienfelds von Bild 6.4 dargestellt werden. Nach Anwählen der Funktion 2 läuft der in Bild 6.7 gezeigte Dialog ab. Dieser stellt
implizit alle Funktionen der Basisbediensoftware für die Bearbeitung der Bedienoperationen an Tasten dar. Entsprechend
der ausgewählten Bearbeitungsfunktion für die zu spezifi-
zierende Taste wird für die Eingabe der zugehörigen Daten in
einen speziellen Unterdialog verzweigt. Auf diese Weise wird
der Benutzer bei der Dateneingabe umfassend unterstützt.

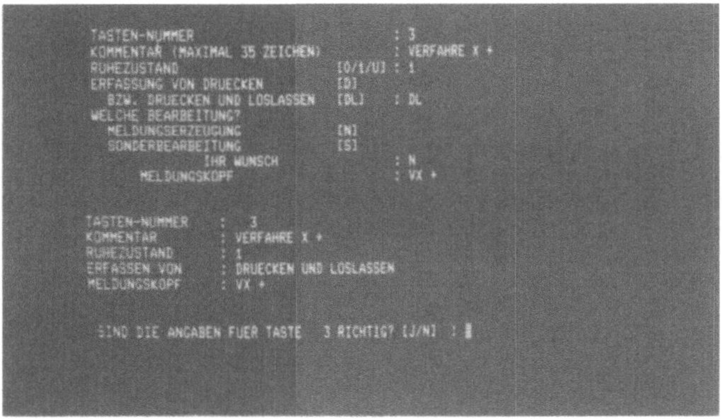

Bild 6.7: Beschreibung von Tastenfunktionen

Im nächsten Schritt wird die Datenkommunikation zwischen dem
Bedienfeld und dem Funktionsblock BSEA beschrieben (Funktion 5
des Eröffnungsdialogs). Hierfür sind die Meldungen und deren
Verarbeitung zu spezifizieren. Auch hier erfolgt die Darstellung der Basissoftwarefunktionen in Menüform und die Verzwei-
gung in einen funktionsspezifischen Unterdialog für die Dateneingabe. In Bild 6.8 ist dies für die Verarbeitung der Meldung "Verfahre x-Achse in positiver Richtung" im BSEA gezeigt
(vgl. Bild 6.7). Durch die Eingabedaten zur Beschreibung der

Meldungsverarbeitung im BSEA wird dessen Schnittstelle zu den
anderen Funktionsblöcken des Steuerungskerns mitbeschrieben.

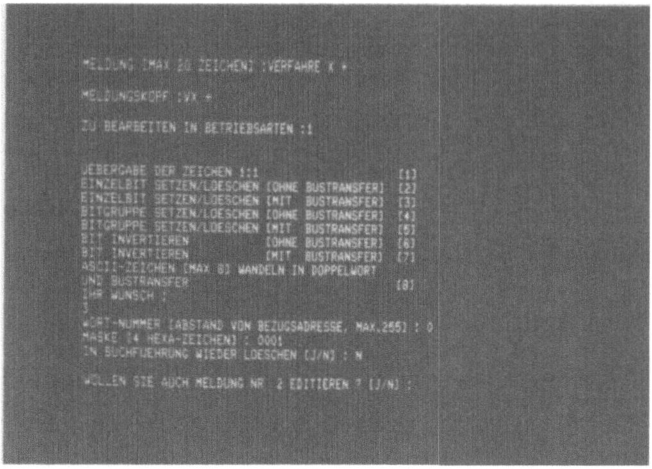

Bild 6.8: Beschreibung der Meldungsverarbeitung für den BSEA

Sind alle Daten zur Beschreibung der gewünschten Bediensystemfunktionen eingegeben, so kann das Entwurfsprogramm die Strukturierung der Steuerdaten und Variablenbereiche durchführen
(Menüpunkt 6 des Eröffnungsdialogs) sowie die benötigten Programme aus der Basisbediensoftware auswählen und zur Programmliste zusammenfassen (Menüpunkt 7 des Eröffnungsdialogs).

Bild 6.9 zeigt beispielhaft einen Ausschnitt aus einer Steuerdatenliste für die Erfassung und die Bearbeitung von Bedienoperationen. Es werden die Hardwarekonfigurationen (oberer
Teil des Bildes) und die Bearbeitungsfunktionen (unterer Teil
des Bildes) beschrieben.

Die vom Entwurfssystem erstellten Ausgabedaten - Steuerdatenlisten, Variablenlisten und Programmlisten werden ins Mikrorechner-Entwicklungssystem übertragen (vgl. Bild 5.7). Dort wird entsprechend der Programmliste die Gesamtbediensoftware aus den Einzelprogrammen und den vom Entwurfssystem erstellten Listen zusammengebunden (vgl. Abschnitt 5.2.2). Dies erfolgt für das Bedienfeldsteuerwerk und den Funktionsblock BSEA in gleicher Weise.

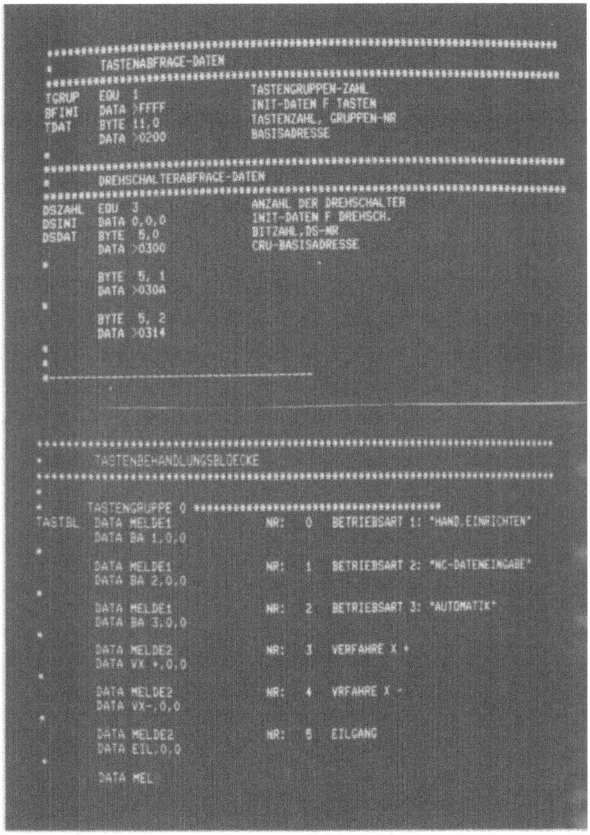

```
***********************************************************************
*       TASTENABFRAGE-DATEN
***********************************************************************
TGRUP   EQU  1                       TASTENGRUPPEN-ZAHL
BFINI   DATA >FFFF                   INIT-DATEN F TASTEN
TDAT    BYTE 11,0                    TASTENZAHL, GRUPPEN-NR
        DATA >0200                   BASISADRESSE
*
***********************************************************************
*       DREHSCHALTERABFRAGE-DATEN
***********************************************************************
DSZAHL  EQU  3                       ANZAHL DER DREHSCHALTER
DSINI   DATA 0,0,0                   INIT-DATEN F DREHSCH.
DSDAT   BYTE  5,0                    BITZAHL,DS-NR
        DATA >0300                   CRU-BASISADRESSE
*
        BYTE  5, 1
        DATA >030A
*
        BYTE  5, 2
        DATA >0314
*
*
*----------------------------------------


***********************************************************************
*       TASTENBEHANDLUNGSBLOECKE
***********************************************************************
*
*       TASTENGRUPPE 0 ***************************************
TASTBL  DATA MELDE1               NR:   0   BETRIEBSART 1: "HAND.EINRICHTEN"
        DATA BA 1,0,0
*
        DATA MELDE1               NR:   1   BETRIEBSART 2: "NC-DATENEINGABE"
        DATA BA 2,0,0
*
        DATA MELDE1               NR:   2   BETRIEBSART 3: "AUTOMATIK"
        DATA BA 3,0,0
*
        DATA MELDE2               NR:   3   VERFAHRE X +
        DATA VX +,0,0
*
        DATA MELDE2               NR:   4   VRFAHRE X -
        DATA VX-,0,0
*
        DATA MELDE2               NR:   5   EILGANG
        DATA EIL,0,0
*
        DATA MEL
```

Bild 6.9: Ausschnitt aus einer Steuerdatenliste für die Erfassung und Verarbeitung von Bedienoperationen

7 Zusammenfassung

Der heutige Entwicklungsstand der digitalen Halbleitertechnik ermöglicht die wirtschaftliche Entwicklung flexibler Steuerungssysteme und damit die fortschreitende Automatisierung in vielen Bereichen der Fertigung. Aus den vielseitigen Einsatzmöglichkeiten ergeben sich unterschiedliche Anforderungen an die Eigenschaften der Steuerungen; dies betrifft insbesondere den Funktionsbereich Bedienung.

In der vorliegenden Arbeit wird dieser Funktionsbereich für numerische Steuerungen untersucht und ein Bausteinsystem, bestehend aus Hard- und Softwarekomponenten, für die Erstellung anwendungsspezifischer Bediensysteme entworfen.

Ausgehend von der Einordnung des Funktionsbereichs Bedienung in der numerischen Steuerung wird der Aufgabenumfang des Bediensystems definiert sowie Kriterien und Regeln für die Ausführung von Bediensystemen hergeleitet. Dabei werden folgende Einflußfaktoren untersucht: die Organisation der NC-Programmierung, die Art und der Einsatz der zu steuernden Maschine sowie ergonomische Erkenntnisse für die Gestaltung der Mensch-Maschine-Kommunikation.

Aufgrund der hergeleiteten Anforderungen an flexible Bediensysteme wird eine Gerätestruktur entwickelt, deren Grundidee die Datenvorverarbeitung im Bedienfeld ist. Durch den Einsatz eines Mikrorechners im Bedienfeld kann dieses Funktionen für die zugeschnittene NC-Programmierung bei Sondermaschinen oder NC-Programmiersystemfunktionen für Standardwerkzeugmaschinen übernehmen.

Das Bedienfeld wird über eine serielle Standardschnittstelle an den Steuerungskern angeschlossen. Die Datenkommunikation erfolgt durch Zeichenfolgen mit festgelegtem Format. Der Aufbau dieser sogenannten Meldungen wird, orientiert an einer internationalen Empfehlung, festgelegt.

Für dieses Gerätekonzept wird eine geeignete Struktur der Bediensoftware entwickelt, wobei die Forderung nach Wiederverwendbarkeit der Programme in Bediensystemen mit verschiedenartigen Aufgabenstellungen das entscheidende Kriterium darstellt. Ein wesentliches Merkmal wiederverwendbarer Software ist ihre anwendungsbezogene Anpaßbarkeit und Erweiterbarkeit. Es wird ein Verfahren zur Anpassung mittels anwendungsspezifischen Steuerdaten entwickelt. Für Erweiterungen sind in der wiederverwendbaren Basisbediensoftware Schnittstellen für die Integration anwendungsspezifischer Programme vorgesehen.

Die Erstellung dieser Steuerdaten und die anwendungsbezogene Konfigurierung der Bediensoftware kann rechnerunterstützt erfolgen. Die Rationalisierungsmöglichkeiten bei der Softwareerstellung durch den Einsatz wiederverwendbarer Programme und die Verwendung eines rechnerunterstützten Entwurfssystems sowie dessen Aufgaben werden untersucht.

Für das Mehrprozessor-Steuersystem MPST wurden beispielhaft Basisbediensoftware und ein Entwurfssystem erstellt und im praktischen Einsatz erfolgreich erprobt. Dies wird anhand zweier ausgeführter Bediensysteme für numerische Steuerungen gezeigt.

Schrifttum

/1/	Marx, H.-J. Stute, G.	Automatisierung - die heutige Form der Rationalisierung im Industriebetrieb. VDI-Z. 109 (1967) Heft 27, S. 1259 ... 1266.
/2/	Herold, H.-H. Maßberg, W. Stute, G.	Die numerische Steuerung in der Fertigungstechnik. Düsseldorf: VDI-Verlag 1971.
/3/	Stute, G.	Die Entwicklung der Steuerungstechnik unter dem Einfluß der Bauelemente. wt-Z. ind. Fertig. 66 (1976) Heft 12, S. 683 ... 690.
/4/	Stute, G.	Die neuzeitliche Werkzeugmaschine - Ein Schlüssel für rationelle Fertigung und steigende Lebensqualität. wt-Z. ind. Fertig. 68 (1978) Heft 12, S. 737 ... 741.
/5/	Meyer, W.	Automatischer Arbeitsablauf bei der Einzel- und Kleinserienfertigung. Maschinenmarkt 81 (1975) Heft 43, S. 765 ... 769.
/6/	Weck, M.	Werkzeugmaschinen, Band 3. Düsseldorf: VDI-Verlag, 1980.
/7/	Stute, G.	Aufgaben für die Entwicklung numerischer Steuerungen. wt-Z. ind. Fertig. 68 (1978) Heft 6, S. 319 ... 320.

/8/ Stute, G.   Grundgedanken von MPST.
In: KfK-PDV 145, Karlsruhe: Kernfor-
schungszentrum, 1978, S. 16 ... 30.

/9/ Niefer, W.   Forderungen des Anwenders an moderne
Werkzeugmaschinen.
In: Fertigungstechn. Kolloquium 1979
Berlin, Heidelberg: Springer Verlag,
1979.

/10/ Stute, G.
     Weck, M.   Anpassung universeller Steuerungen
an wechselnde Aufgaben.
In: Mittlere Technologie in der Pro-
duktionstechnik. Düsseldorf: VDI-
Verlag, 1978, S. 437 ... 452.

/11/ Plasch, D.   Pflichtenheft der Steuerdatenverar-
beitung.
In: Informationszyklus NC-Technik,
Tagung 2, ETH Zürich 14. und 15.10.81,
Band 1. Zürich: Institut für Werkzeug-
maschinen und Fertigungstechnik an der
ETH Zürich, 1981.

/12/ Simon, W.   Die numerische Steuerung von Werkzeugmaschinen.
München: Carl Hanser Verlag, 1971.

/13/ Stute, G.   Steuerungstechnik I.
Vorlesungsmanuskript,
Universität Stuttgart, 1981.

/14/ Spieth, U.   Numerische Steuersysteme, Hardware-
aufbau und Ablaufsteuerung eines
Mehrprozessorsteuersystems.
ISW 40, Berlin, Heidelberg, New York:
Springer Verlag, 1982.

/15/ Stute, G.
     Klemm, P.
     Möller, H.
     Plasch, D.
     Spieth, U.

Verteilte Steuerungseinrichtungen
für Fertigungssysteme (MPST - Mehr-
prozessorsteuersystem).
KfK-PDV 192. Karlsruhe: Kernfor-
schungszentrum, 1980.

/16/ DIN 66264

Mehrprozessor-Steuersystem für Arbeitsmaschinen (MPST). Parallelbus.
Entwurf, Oktober 1981.

/17/ Stute, G.

Steuerungen an Werkzeugmaschinen.
In: Tagungsbroschüre des ICM - Inter-
nationaler Congress für Metallbear-
beitung.
Hrsg.: Verein Deutscher Werkzeug-
maschinenfabriken (VDW),
Frankfurt, 1977.

/18/ Fraser, G.L.

The man machine interface in process
control - State of the art and trends.
In: Automatisierungstechnik im Wandel
durch Mikroprozessoren. S. 290 ... 303.
Interkama-Kongress 1977.
Hrsg.: Syrbe, M., Will, B.
Berlin, Heidelberg, New York:
Springer Verlag, 1977.

/19/ Storr, A.

Programmieren von NC-Maschinen.
Sonderdruck zum FTK 1982, Oktober
1982.
Hrsg.: Fertigungstechnische Gesell-
schaft Stuttgart, 1982.

/20/ Klauss, W.
     Seeger, W.

Vereinfachtes Programmieren von CNC-
Drehmaschinen.
wt-Z. ind. Fertig. 71 (1981) Heft 9,
S. 571 ... 575.

/21/ DIN 66025   Programmaufbau für numerisch gesteu-
                     erte Arbeitsmaschinen.
                     Februar 1972.

/22/ Autorenkollektiv Wandel der Arbeitsbedingungen durch
                     verkettetes Fertigungssystem mit mo-
                     dularem Aufbau.
                     Bericht zur Konstruktion, 31.8.1981.
                     Zahnradfabrik Friedrichshafen, 1981.

/23/ Geider, G.   Mensch-Maschine-Kommunikation in
     Fädrich, J.   Leitständen.
                     KfK-PDV 131. Karlsruhe: Gesellschaft
                     für Kernforschung MBH, 1977.

/24/ Timpe, K.-P.   Ingenieurpsychologie und Automati-
                     sierung.
                     Berlin: VEB Verlag Technik, 1967.

/25/ Neumann, J.   Arbeitsgestaltung.
     Timpe, K.-P.   Berlin: VEB Deutscher Verlag der Wis-
                     senschaften, 1970.

/26/ Warnecke, H.J.   System "Mensch-Maschine", gegenwär-
                     tige Probleme und Lösungen im Pro-
                     duktionsbereich.
                     In: Tagungsbroschüre des ICM - Inter-
                     nationaler Congress für Metallbear-
                     beitung.
                     Hrsg.: Verein Deutscher Werkzeug-
                     maschinenfabriken (VDW),
                     Frankfurt, 1977.

/27/ Hahne, H.   Ergonomische Arbeitsgestaltung in der
                     Fertigungsmeßtechnik.
                     wt-Z. ind. Fertig. 69 (1979) Heft 5,
                     S. 300 ... 306.

/28/ Haubner, P.   Grundsätzliche Probleme, Lösungen und
      Pavlik, E.   Trends zu Warten und Leitständen.
                       In: Automatisierungstechnik im Wandel
                       durch Mikroprozessoren. S. 241 ... 252.
                       Interkama-Kongress 1977.
                       Hrsg.: Syrbe, M., Will, B.
                       Berlin, Heidelberg, New York:
                       Springer Verlag, 1977.

/29/ DIN 55003,   Bildzeichen. Numerisch gesteuerte
      Teil 3   Werkzeugmaschinen.
                       Entwurf. Juni 1977.

/30/ Klemm, P.   Flexible Bediensoftware im modularen
                       Mehrprozessor-Steuersystem MPST.
                       HGF-Kurzberichte, Blatt 82/51.
                       Essen: W. Girardet Verlag, 1982.

/31/ ISO 6132   Numerical control of machines -
      Technical Report Operational command and data format.

/32/ Wörn, H.   Numerische Steuerungssysteme - Aufbau
                       und Schnittstellen eines Mehrprozes-
                       sor-Steuersystems.
                       ISW 27, Berlin, Heidelberg, New York:
                       Springer Verlag, 1979.

/33/ Seifert, M.   Mikroprozessoren in verteilten PDV-
                       Systemen.
                       In: KfK-PDV 101, Karlsruhe: Kernfor-
                       schungszentrum, 1977, S. 110 ... 131.

/34/   Serielle Datenübertragung.
                       Elektronik Entwicklung 16 (1981)
                       Heft 1/2, S. 10 ... 14.

/35/ DIN 66020   Datenübertragung. Anforderungen an
                    die Schnittstelle bei Übergabe bi-
                    polarer Datensignale.
                    September 1974.

/36/ DIN 66021   Datenübertragung.
                    Teil 1 bis 10.
                    August 1975 bis Februar 1981.

/37/ DIN 66022   Informationsverarbeitung.
                    Darstellung des 7-Bit-Code bei Daten-
                    übertragung, Serienübergabe.
                    August 1974.

/38/ DIN 66259   Elektrische Eigenschaften der Schnitt-
                    stellenleitungen.
                    Mai 1981.

/39/ Roersch, P.   Normen beseitigen Schwierigkeiten.
                    Markt und Technik (1982) Heft 4,
                    S. 28 ... 35.

/40/ DIN 66003   Informationsverarbeitung, 7-Bit-Code.
                    Juni 1974.

/41/ Rauch, P.   Busstrukturiertes Mehrprozessor-
     Wörn, H.   Steuersystem.
                    wt-Z. ind. Fertig. 68 (1978) Heft 6,
                    S. 335 ... 342.

/42/   Betriebssystemsoftware für Echtzeit-
                    anwendungen.
                    Elektronik-Applikation 14 (1982)
                    Heft 4, S. 25 ... 29.

/43/   Das Betriebssystem iRMX 86.
                    Elektronik-Applikation 14 (1982)
                    Heft 4, S. 30 ... 34.

112

/44/ Engelbart, H.   Programmentwicklung mit Zustands-
                            graphen.
                            Elektronik (1980) Heft 14,
                            S. 59 ... 62.

/45/ Holzler, E.   Der Zustandsgraph in der Mikrocom-
     Meyenburg, U.   puter-Programmierung.
                            Elektronik (1981) Heft 3,
                            S. 55 ...61.

/46/ Wettstein, H.   Systemprogrammierung.
                            München, Wien: Carl Hanser Verlag,
                            1980.

/47/ Kühn, P.   Nachrichtenverkehrstheorie.
                            Vorlesungsmanuskript, Universität
                            Stuttgart, 1981.

/48/ Herschel, R.   PASCAL.
     Piper, F.   München, Wien: R. Oldenbourg Verlag,
                            1981.

/49/ Wirth, N.   Systematisches Programmieren.
                            Stuttgart: B.G. Teubner, 1975.

/50/ Wirth, N.   Algorithmen und Datenstrukturen.
                            Stuttgart: B.G. Teubner,1975.

/51/ Jensen, K.   PASCAL: User Manual and Report.
     Wirth, N.   Berlin, Heidelberg, New York:
                            Springer Verlag, 1975.

/52/ Oregon Software   PASCAL-2.
                            Hrsg.: Oregon Software.
                            Portland, Oregon; USA.

/53/ Stute, G.
     Klemm, P.
The Application of a Modular Multi-
processor N.C. System.
In: Proceedings of Twenty-second In-
ternational Machine Tool Design and
Research Conference. Manchester:
UMIST, 1981, S. 215 ...222.

/54/ Binder, D.
Modulares Mehrprozessor-Steuersystem
für Arbeitsmaschinen.
wt-Z. ind. Fertig. 70 (1980) Heft 8,
S. 525 ... 529.

/55/ Hartmann, V.
MPST, das flexible Steuersystem für
Standard- und Sonderanwendungen.
wt-Z. ind. Fertig. 72 (1982) Heft 5,
S. 247 ... 252.

Berichte aus dem Institut für Steuerungstechnik der Werkzeugmaschinen und Fertigungseinrichtungen der Universität Stuttgart

Herausgegeben von Prof. Dr.-Ing. G. Stute †

Erschienen:

ISW 1 bis ISW 30 vergriffen

ISW 1:	D. Schmid, Numerische Bahnsteuerung, 89 S., 1972
ISW 2:	H. Schwegler, Fräsbearbeitung gekrümmter Flächen, 111 S., 1972
ISW 3:	J. Eisinger, Numerisch gesteuerte Mehrachsenfräsmaschinen, 90 S., 1972
ISW 4:	R. Nann, Rechnersteuerung von Fertigungseinrichtungen, 125 S., 1972
ISW 5:	G. Augsten, Zweiachsige Nachformeinrichtungen, 140 S., 1972
ISW 6:	B. Karl, Die Automatisierung der Fertigungsvorbereitung durch NC-Programmierung, 121 S., 1972
ISW 7:	H. Eitel, NC-Programmiersystem, 117 S., 1973
ISW 8:	E. Knorr, Numerische Bahnsteuerung zur Erzeugung von Raumkurven auf rotationssymmetrischen Körpern, 131 S., 1973
ISW 9:	S. Bumiller, Viskohydraulischer Vorschubantrieb, 123 S., 1974
ISW 10:	K. Maier, Grenzregelung an Werkzeugmaschinen, 139 S., 1974
ISW 11:	J. Waelkens, NC-Programmierung, 159 S., 1974
ISW 12:	E. Bauer, Rechnerdirektsteuerung von Fertigungseinrichtungen, 138 S., 1975
IWS 13:	H. König, Entwurf und Strukturtheorie von Steuerungen für Fertigungseinrichtungen, 206 S., 1976
ISW 14:	H. Damshon, Fünfachsiges NC-Fräsen, 143 S., 1976
ISW 15:	H. Jetter, Programmierbare Steuerungen, 141 S., 1976
ISW 16:	H. Henning, Fünfachsiges NC-Fräsen gekrümmter Flächen, 179 S., 1976
ISW 17:	K. Boelke, Analyse und Beurteilung von Lagesteuerungen für numerisch gesteuerte Werkzeugmaschinen, 106 S., 1977
ISW 18:	F.-R. Götz, Regelsystem mit Modellrückkopplung für variable Streckenverstärkung, 116 S., 1977
ISW 19:	H. Tränkle, Auswirkungen der Fehler in den Positionen der Maschinenachsen beim fünfachsigen Fräsen, 103 S., 1977
ISW 20:	P. Stof, Untersuchungen über die Reduzierung dynamischer Bahnabweichungen bei numerisch gesteuerten Werkzeugmaschinen, 118 S., 1978
ISW 21:	R. Wilhelm, Planung und Auslegung des Materialflusses flexibler Fertigungssysteme, 158 S., 1978
ISW 22:	N. Kappen, Entwicklung und Einsatz einer direkten digitalen Grenzregelung für eine Fräsmaschine mit CNC, 123 S., 1979
ISW 23:	H. G. Klug, Integration automatisierter technischer Betriebsbereiche, 124 S., 1978
ISW 24:	D. Binder, Interpolation in numerischen Bahnsteuerungen, 132 S., 1979
ISW 25:	O. Klingler, Steuerung spanender Werkzeugmaschinen mit Hilfe von Grenzregeleinrichtungen (ACC), 124 S., 1979

SW 26:   L. Schenke, Auslegung einer technologisch-geometrischen Grenzregelung für die Fräsbearbeitung, 113 S., 1979

SW 27:   H. Wörn, Numerische Steuersysteme-Aufbau und Schnittstellen eines Mehrprozessorsteuersystems, 141 S., 1979

SW 28:   P. B. Osofisan, Verbesserung des Datenflusses beim fünfachsigen NC-Fräsen, 104 S., 1979

SW 29:   J. Berner, Verknüpfung fertigungstechnischer NC-Programmiersysteme, 101 S., 1979

SW 30:   K.-H. Böbel, Rechnerunterstütze Auslegung von Vorschubantrieben, 113 S., 1979

SW 31:   W. Dreher, NC-gerechte Beschreibung von Werkstücken in fertigungstechnisch orientierten Programmsystemen, 105 S., 1980

SW 32:   R. Schurr, Rechnerunterstützte Projektierung hydrostatischer Anlagen, 115 S., 1981

SW 33:   W. Sielaff, Fünfachsiges NC-Umfangsfräsen verwundener Regelflächen. Beitrag zur Technologie und Teileprogrammierung, 97 S., 1981

SW 34:   J. Hesselbach, Digitale Lageregelung an numerisch gesteuerten Fertigungseinrichtungen, 111 S., 1981

SW 35:   P. Fischer, Rechnerunterstützte Erstellung von Schaltplänen am Beispiel der automatischen Hydraulikplanzeichnung, 111 S., 1981

SW 36:   U. Ackermann, Rechnerunterstützte Auswahl elektrischer Antriebe für spanende Werkzeugmaschinen, 118 S., 1981

SW 37:   W. Döttling, Flexible Fertigungssysteme – Steuerung und Überwachung des Fertigungsablaufs, 105 S., 1981

SW 38:   J. Firnau, Flexible Fertigungssysteme – Entwicklung und Erprobung eines zentralen Steuersystems, 112 S., 1982

SW 39:   A. Herrscher, Flexible Fertigungssysteme – Entwurf und Realisierung prozeßnaher Steuerungsfunktionen, 103 S., 1982

SW 40:   U. Spieth, Numerische Steuersysteme – Hardwareaufbau und Ablaufsteuerung eines Mehrprozessorsteuersystems, 115 S., 1982.

SW 41:   A. Schimmele, Rechnerunterstützter Entwurf von Funktionssteuerungen für Fertigungseinrichtungen, 106 S., 1982

SW 42:   M. Sanzenbacher, NC-gerechte Beschreibung von Werkstücken mit gekrümmten Flächen, 105 S., 1982.

SW 43:   W. Walter, Interaktive NC-Programmierung von Werkstücken mit gekrümmten Flächen, 112 S., 1982.

SW 44:   J. Huan, Bahnregelung zur Bahnerzeugung an numerisch gesteuerten Werkzeugmaschinen, 95 S., 1982.

SW 45:   H. Erne, Taktile Sensorführung für Handhabungseinrichtungen – Systematik und Auslegung der Steuerungen, 111 S., 1982.

SW 46:   D. Plasch, Numerische Steuersysteme – Standardisierte Softwareschnittstellen in Mehrprozessor-Steuersystemen, 112 S., 1983

SW 47:   Z. L. Wang, NC-Programmierung – Maschinennaher Einsatz von fertigungstechnisch orientierten Programmiersystemen. 103 S., 1983

SW 48:   J. Schwager, Diagnose steuerungsexterner Fehler an Fertigungseinrichtungen, 121 S., 1983

ISW 49: P. Klemm, Strukturierung von flexiblen Bediensystemen für numerische Steuerungen, 113 S., 1984

In Vorbereitung

ISW 50: W. Runge, Simulation des dynamischen Verhaltens elektrohydraulischer Schaltungen – Einsatz von geräteorientierten, universellen Simulationsbausteinen ca. 132 S., 1984

Springer-Verlag
Berlin · Heidelberg · New York · Tokyo